度小
系列

度小月系列

度小月系列

關於度小月..............

　　在台灣古早時期，中南部下港地區的漁民，每逢黑潮退去，漁獲量不佳收入艱困時，為維持生計，便暫時在自家的屋簷下，賣起擔仔麵及其他簡單的小吃，設法自立救濟度過淡季。

　　此後，這種謀生的方式，便廣為流傳稱之為『度小月』。

編輯室手札

時間來到2009年，轉眼《路邊攤賺大錢》系列從第1集到現在的第13集，已經走過8個年頭了。這8年來，景氣高高低低，經濟環境變化快速，有人開店創業業績好到去對岸開分店，也有人光在台灣就賺個荷包滿滿。當然，更有人錯估形勢，投資就像把錢丟到波濤洶湧的海水中，資金流走了想收回來都不敢想。

面對最壞的一年，有人開玩笑的說：「以前創業做頭家是勇敢、有骨氣，現在創業做頭家是失意、沒志氣」。因為沒頭路、沒薪水，休無薪假待在家裡閒著也是閒著，不如就加盟做個小生意，花個幾萬、幾十萬開家早餐店、飲料店，賣雞排，賣煎包、賣滷味，反正做吃的一兩年、兩三年一定可以回本！你是這麼想的嗎？如果是的話，實在是大錯特錯！

《路邊攤賺大錢》從第1集到第13集，介紹超過了100多個店家，當中做得有聲有色的，經營最少滿5年，而且不是加盟店，全是自行創業。想要靠加盟賺大錢？那只是入門者眾，出師者少，而且你做的還可能不是自己的事業，充其量只是找事做、僅供餬口而已。

本次所介紹的11個店家，涵蓋面廣，當中，更可以看出世代的傳承。究竟是老味道好，還是新創意可以站穩市場？在這個最壞，相對也是最好的年代，我們不敢斷言誰對，但唯一可以肯定的是，要做個賺錢頭家絕對是「做得多、睡得少；辛苦的多、喊累的少」。這本書是他們的生存紀錄，更是他們堅持不懈所留下的成果。

你有創業做小吃的勇氣嗎？你準備好接受挑戰了嗎？《路邊攤賺大錢》系列過來人們的諄諄建言，在最關鍵的一年，再次向您呈現。

路邊攤賺大錢 money 13

這是一本
★轉業、失業和待業的創業指南
★最鉅細靡遺、實用的開店指導
★奮鬥史＋獨家製作步驟大公開

【人氣推薦篇】

徐琳舒◎著

非看不可
非學不可
非賺不可

搶救失業不景氣
打敗貧窮不爭氣

烤·豬肝湯·小籠湯包·米苔目·彰化肉圓·黑砂糖刨冰·日式麻糬·藥燉排骨·蛋黃芋餅·涮牛肉·蔥油餅

目錄

作者序

　　面對近百年來最大的經濟衰退，無薪假和裁員消息頻傳，不少人幾乎是被迫創業，根據人力網站年初調查，超過八成的上班族有創業意願。其中，民以食為天，不少有心創業者都希望開個小吃攤當老闆。

　　但這個領域不拘學歷、性別、年齡，或工作經驗……競爭之激烈，一般人恐難以想像。有些不錯的小吃攤，才剛去過一、二次，過幾個月再去的時候，老闆與攤車都不見蹤影，一問才知早收掉。

　　此次採訪店家中，原本有間由年輕人創業，開業剛滿一年的店家——圈圈達人，網路上佳評如潮，在士林夜市中是生意不錯的店家，但在本書出刊前卻決定不做了！可能是生意受景氣影響，也可能是老闆有更好的出路，不論理由為何，都說明了創業者眾，但倒閉者更多。要如何在艱困的市場中存活？站在前人的肩膀上，從成功的個案中學習，絕對是最好的方法。

本次採訪之系列店家類型眾多，橫跨各種小吃美食，不管是鹹食如蔥油餅、湯包、肉圓，或是甜點類像刨冰、麻糬，其中有四、五十年的老店，也有不到五年的「年輕」店家，烹調技巧與設備也許有所不同，但卻有其共通點：念茲在茲地想讓自家產品更好的決心。

　　這些小吃攤老闆的成功，都不是一蹴可幾，不少人都曾歷經「等嘸人客」的窘境，而這一年多來又適逢物價起伏、市場景氣欠佳等難題，感謝所有受訪店家分享他們跨越困難的經驗，從命名、資金準備、購買生財器具、成本控制、食材選購到料理，這些經驗、秘訣，加上成功者給新手的諄諄建議，完美打造了本書。

　　希望藉著本書，讓所有對小吃美食有興趣的饕客，或想踏入小吃創業的新手，都能從中找到創業時，實用又激勵人心的啟示。

仁愛光復路口

疆子烤肉

美味評價 ★★★
特色評價 ★★★★
價位評價 ★★★
服務評價 ★★★★★
地點評價 ★★★★★
衛生評價 ★★★★★
人氣評價 ★★★★
總 評 價 ★★★★

老　　闆	鄭一棠、周奇男
店　　齡	6年
地　　址	台北市仁愛路四段449號
電　　話	（02）2771-1116
營業時間	16:30～01:00
公休日	無

仁愛路四段
光復南路

現場描述

　　路邊攤也能搞氣氛？在車水馬龍的台北市光復南路與仁愛路交叉口，中國風的紅色招牌下是半開放式的小店，原本是路邊小攤，沒有像樣的裝潢，卻靠著獨特的風味和老闆的熱情，營造出路邊居酒屋的氣氛，成為上班族和不少藝人的最愛，轉眼六年時間，從路邊攤到店面，現在已有三家分店，〇九年將再開放加盟。

話說從頭

　　鄭一棠、周奇男原來是大學同學，畢業後也各有一片天，鄭一棠在圖書軟體公司，後來被外派至中國擔任中階主管；周奇男則在工作幾年後當起老闆，開了一家貿易公司。鄭一棠說，會開這家店，真的是意料之外。

　　在上海待了四年多，幾乎每個路口都可見烤羊肉串的攤子，鄭一棠說，攤子雖多，但每一家吃起來的口味卻都差不多，「不難吃，但也沒什麼特別之處！」直到某天在某個烤羊肉串攤上吃到了風味特別不同的滋味，後來就習慣天天去，去得勤了則不時和老闆攀談起來，老闆原來是上海知青，被分派到新疆下鄉，待了幾十年，也學了一手新疆烤肉的手藝。

　　鄭一棠每個星期至少報到個三、四回，吃了二年有餘，也因此動了想拜師學藝的念頭。「只是為了好玩，沒想過開店，想讓親朋好友也嚐嚐這種美味。」鄭一棠利用上班的閒暇時間，向師傅討教了兩個多月。

　　二〇〇三年，因SARS肆虐，鄭一棠從大陸回到台灣，一方面是和新主管不合，另一方面也希望多多陪伴正成長的孩子，鄭一棠打算留在台灣，因此找了周奇男商量開烤肉店的計畫。鄭一棠回憶，本來都找好新工作了，一度還打算就出資金，請工讀生來顧攤，但周奇男認為，想做好生意，包括品質控管和客人應對聯繫感情，一定得靠自己經營。

　　就這樣，一咬牙，兩個大男人決定合開烤肉路邊攤。周奇男說，一開始沒啥客人，內心也不免氣餒，後來檢討產品特性，才將開店時間從中午往後挪到四點之後，兩人還輪流到人行道上硬著頭皮叫賣「新疆烤肉買二送一！」

原本是老闆、主管的他們，努力降低身段，逐漸吸引許多嚐鮮客，就此打下了基礎。雖然技術、經驗學自新疆風味，但鄭一棠認為在台北開店，還是要符合當地的口味，醬料、食材部位，都經過調整，而且每一道新菜推出前，都經過層層試吃。

最初只有四樣串烤：羊肉串、牛肉串、羊排、雞翅，許多上班族卻在這個紅色小涼亭裡找到壓力的出口，也就此打開名聲，半年後生意逐漸穩定，後來還因為生意太好，等候的客人停放太多汽機車，引起附近的住戶抗議。之後更帶起一波「新疆烤肉」風潮，一時間台北街頭多出十幾家新疆烤肉攤。

轉為店面經營後，除了美食，店內的氣氛仍然是吸引忠實客戶的主因，兩人總是輪流和每桌客人寒暄（如果是熟客，老闆總不免坐下來喝兩杯），每個月還隨著老闆的創意有不同的活動，例如：推啤酒

杯、手足球檯比賽等。鄭一棠認為，小吃生意要能勝出，好吃及口味特殊兩條件必須同時具備，而疆子不但兩者兼具，還加上了裝潢特殊，自然能賺錢。

☕ 心路歷程

有趣的是，兩人在學校雖是同學又是室友，一開始其實互看不順眼，後來幾次「把酒言歡」後，才發現兩人個性雖然大不相同，卻極為互補。這樣的特性，讓兩人成為創業的好搭檔，人稱周董的處女座周奇男，心思細膩，主要負責財務、行政、人事；而原本是業務出身的鄭一棠，則擅於和客戶哈啦、搏感情；甚至連酒量，兩人都互補，鄭一棠大約一手啤酒就得休息，周董則自稱沒有醉過。

疆子目前生意穩定，還有大幅拓點的計畫，但周奇男說，相對犧牲的，就是陪伴家人的時間，因為營業時間從下午到凌晨，回到家後，老婆小孩都睡了，而早上妻兒起床時，自己還在補眠，只能用週末短短的午后時光，爭取和孩子的相處時間。

☕ 命名由來

原本想隨性叫「這樣子」烤肉堂，後來朋友都稱呼為「醬子」，但為了讓客人更能聯想新疆烤肉，所以就定名為「疆子」烤肉堂，還請美術設計的朋友幫忙設計，也隨即註冊商標。

👨‍🍳 經營狀況

🧮 地點選擇

選地點時，第一考量當然是人潮，但鄭一棠同時考量未來發展性──「希望打造有質感的小店」，因

此雖在西門町看到不錯的地點，月租才一萬多元，仍
不採用，考量的就是「太亂了，還有商圈的腹地。」
當時找了一個多月，因緣巧合下，送兒子上音樂課時
發現了這個可擺攤的小區域，原本是櫥櫃家具商的地
下室出口，鄭一棠以月租三萬元租下，造就半店面、
半攤販的風格。在生意逐漸穩固後，兩人決定拓展成
店面，找尋店面時為使培養的老顧客不致流失，也就
近在發跡地附近落腳。

 ## 店面租金

　　疆子烤肉堂位在仁愛路與光復南路口，該地段可
說是寸土寸金，現租的店面每月租金要三十萬。為了
提高店的質
感，從路邊攤
轉為店面，裝
潢連同店租

押金，總共投下近四百萬元。店內的裝潢融合中西式，還融入熱帶雨林的意象，在在都是為了讓客人有更時尚舒適的空間，鄭一棠說，這是為了拉開與競爭者的差距。

不過，經營成本大幅提高的狀況下，老闆並沒有提高招牌羊肉串的價格，仍然維持一串三十元，「有時算算，真不知道我要烤多少串才能回本！」而因應的龐大開銷方法，是拓展菜單內容，有平價的羊肉串，也有三百元的沙朗牛排，還有推出更多的酒款、飲品，客人坐得久，也喝得多，讓客平均消費大幅提高。

硬體設備

由於已轉為店面，為避免妨礙附近住家的居住品質，疆

子在抽風設備上大手筆投資，不但裝兩組抽風靜電機，還加裝十幾萬的日式活性碳，除裝置成本，每個月還要支出更換濾心及機組維護的費用。

不過，對於想入門的新手，周奇男建議可以先購買最基本的設備，只要有烤台、抽風設備、冰箱即可開業，而烤台從三、四千到數萬元不等，可選擇較便宜的款式，而抽風設備約需二到三萬，冰箱則有二手商品，資金不足的人，可將錢分配在食材購買，設備方面則從簡。

人手

連同兩位老闆共五人，醃肉等前置作業，都由老闆包辦，因此店內人員只需負責烤肉和招呼客人，周奇男自信的說，因為選用的食材好、調味佳，只要不烤焦都很好吃。

食材特色

鄭一棠認為疆子最大的優勢是食材新鮮，每種肉類都經過嚴選，豬肉串用的是松阪豬肉，豬排、豬腳等其他品項，也都要求使用自然豬（經過認證，保證

無抗生素、無藥劑、無荷爾蒙的豬肉）；牛肉則選擇美國牛、羊肉是進口自紐澳。

此外，市場上常用來讓肉質軟化、變嫩的嫩精、木瓜酵素，鄭一棠也絕對不用，「幾乎多數業者都有使用，因為泡過嫩精的肉吃起來鮮嫩多汁。」但鄭一棠認為，這種添加物畢竟是化學產品，吃多了對身體不好，也常破壞食物的原味，他絕對不使用。

周奇男透露，除了選擇進口牛羊較好的部位，事前用十餘種佐料醃拌的功夫也不能馬虎，其中，他們使用天然的蔬果類取代嫩精調味，讓肉質鮮嫩又健康。

人氣項目

雖說各人喜好不同，但招牌肉串、QQ肉串、羊排可說是最多饕客選擇的人氣項目，特別是羊肉串和羊排，疆子羊肉的肉質細，老闆在烤到七分熟時灑上孜然，讓油脂包著孜然香氣，上桌前再補上一些孜然，可說是絕配對味；不敢吃羊肉的人，則可選擇多汁的

牛肉串、雞腿排或海鮮類，像是疆子的碳烤椒鹽鮮蝦，烤得酥脆夠味，連殼都不用撥。

客層調查

原本鎖定的市場是三十至五十歲男性，但出乎意料之外，開店後，男女客人幾乎是一比一。周奇男分析，可能是不少上班族女性覺得這邊既有Lounge放鬆的氣氛，又比一般夜店安全，也不太會有莫名其妙的搭訕攀談，更能放鬆。

成本控制

鄭一棠說，控制成本完全靠量大制價，沒有別的

訣竅。他寧可提高售價，寧願賣得稍貴，也不要賣品質不好的東西，以免打壞自個兒的招牌。

 未來計畫

正在裝潢地下室，將規劃為可容納三、四十人的包廂式場地，主攻公司聚餐。鄭一棠觀察一般公司聚會，常常用完餐後還找地方續攤，可能是夜店、啤酒屋，也可能是KTV，他希望新裝潢的包廂，可以讓公司聚會一攤到底，不必舟車勞頓，可說是針對原有上班族客層，再強化其需求。

而在加盟制度方面，目前雖已擁有兩家分店，〇九年疆子烤肉堂將有更明確的規畫，周奇男說，未來將分為店面和餐車加盟兩種，店面的加盟金預估在四十萬元左右（含品牌使用、教育訓練等費用），並畫定加盟的保障區域。

密 數據大公開

創業資本	50萬元	
坪 數	30坪	
人 手	5人	
座 位 數	50個	
月 租 金	30萬元	
產品利潤	2～3成	
每日來客數	60～70人	約略推估
每日營業額	3萬元	約略推估
每月營業額	100萬元	約略推估
每月進貨成本	25萬元	約略推估
每月淨賺	20萬元	不含人手費用

・羊肉串／40元

進口自紐澳的羊排，燒烤後搭上孜然的香氣，就是饕客的最愛。

・烤椒鹽鮮蝦／120元（2串4尾）

海鮮類烤來酥脆夠味，好吃到連殼都不用撥。

・雞腿排／120元

不吃羊肉的朋友也可以選擇多汁的雞肉或豬肉。

☕ 老闆給新手的話

　　當初決定開店，兩人下了一番工夫進行市場調查。先確定市場上有無類似的產品，如果有，自家的口味是否勝過對方。一方面當時幾乎沒有類似的店家，二方面，嚐過鄭一棠烤肉的人都說好吃，老闆說，在多方評估後，才確定「即使不賺，也賠不到哪兒去。」周奇男則建議，千萬不要一窩蜂追求熱門的產品，須考量長久性，才能細水長流。

作法大公開

材料

項　目	價　格	備　註
羊肉串、羊肩	80-100元/公斤	紐澳進口
牛肉串、牛小排、牛舌	120-150元/公斤	美國進口
豬肉串、豬排、豬腳	80-100元/台斤	
雞肉串、雞腿排、雞翅	60-80元/台斤	
蝦、魚下巴等	時　價	
孜然粉	0.8元/克	新疆進口

 步驟

步驟一 醃漬：使用近十種醃料醃肉

步驟二 控制炭火：
使用完整的紅木炭，不使用碎炭，
較能控制火候，亦有炭香。

步驟三 烘烤：老闆在爐上一次最多
可烤三十串，爐火邊緣烤軟
骨、海鮮類品項。

步驟四　調味：七分熟時灑上孜然，使油脂包覆香料，
　　　　　　上桌前再灑上提味。

独 獨家撇步

1、獨家醃料醃肉和精選孜然提味。

2、孜然在肉品約七分熟時灑上,油脂可包覆香料,風
味更佳。

在 家DIY技巧

1、醃肉時間不必過長,約一到二小時。

2、同一類食材放在一起烤,一開始大火先烤肉,烤肉
可將肉汁鎖住,味道比較香,肉質也比較嫩。肉片
不必經常翻動,待表面油脂出現後再翻面;中火烤
海鮮類,慢火則適合烤青菜。

讚 美味見證

推薦原因:

東西好吃,老闆好相處,有時一
星期來報到四、五次,可以紓解
工作的壓力。

珍珠	Joyce
線上遊戲員工	廣告公司AE
28歲	26歲

仁愛醫院後巷

豬肝湯

美味評價 ★★★★
特色評價 ★★★★
價位評價 ★★★★
服務評價 ★★★★
地點評價 ★★★★
衛生評價 ★★★★
人氣評價 ★★★★★
總 評 價 ★★★★

老　闆	陳奠邦
店　齡	33年
地　址	台北市復興南路一段253巷48號
電　話	（02）2704-1428
營業時間	6:30～14:00
公休日	周日，三節亦安排休假

現場描述

　　民國六十六年開店至今，這間已有三十多年歷史的老店，從路邊小攤發展成店面，卻始終沒有掛上店名，但在大安區附近卻是頗為知名，還有人稱這間小店為「台北最好吃的豬肝」，許多不敢、不愛吃豬肝的人，也一試成主顧。

話 說從頭

　　這間小店位於仁愛醫院後方巷弄間，大家也因此慣稱它為「仁愛豬肝湯」，每天從早上六點營業到下午二點，不過要是來得太晚，可能所有食材都沒剩囉！

　　老闆陳奠邦原本是宜蘭人，但年少即離鄉打拚，後來和家人住在基隆，接著又隻身上台北打拚。至於為何選擇投身小吃業，又為何選擇如此冷門的產品──豬肝，陳奠邦笑說是緣分，不過第二代小老闆分析父親的初衷認為，年輕時嘗試過不同的工作，但畢竟民以食為天，小吃這門生意只要做出特色，就容易賺錢。

心 路歷程

　　不過一開始，陳奠邦並不是想賣豬肝，年輕時他做過食品食材的銷售，像是魚漿魚丸之類的產品，決定自己開業後，原本是要在通化夜市賣魚丸湯。但擺

攤擺了兩天，卻都沒啥生意，他開始思考自家產品的優勢，發現既沒有比別人好吃很多，又是夜市常見的產品，加上是沒知名度的新店家，難怪沒生意。

因此，陳莫邦決定用豬肝湯取代魚丸湯，並全心鑽研這項食材。陳莫邦說，剛開始也沒啥訣竅，就是每天從市場買各種豬肝回來煮湯，然後自己吃吃看哪種豬肝最適合煮湯（有的較適合作為炒豬肝），最後歸納出粉肝的紋路、色澤，甚至是柔軟度，「一樣東西你摸了看了三十年，當然對它瞭若指掌。」

小老闆也分析自家成功的關鍵,「食材比較貴、料理比較專業,一般人是買不到這樣品質的豬肝。」每天都是天沒亮,四點就到市場向固定的豬肉商選購粉肝,然後花上兩個小時處理食材。除了將豬肝切成薄片,陳奠邦還特別去筋,讓客人入口好嚼;在滾燙的高湯中涮至九分熟,加入青菜、薑絲上桌,熱呼呼的豬肝湯果然味美湯鮮豬肝嫩。

陳奠邦不僅自己摸索出美味豬肝的作法,連帶家人也學得好手藝。在這條小巷子裡,就有兩間豬肝攤比鄰而居,陳奠邦的店是上午開店下午二點後休息;隔壁一間豬肝攤則從下午接力,開店到晚上。有客人以為是後進的模仿競爭者;也有人猜測是上一代傳下來後分家的;其實都不是,兩家的確是兄弟,但其實口味各不相同,陳奠邦淡淡地說,自己也不算師傅,弟弟看得多了自然也會做。但弟弟的攤經營時間特別與兄長錯開,讓客人不論何時來,都不致向隅,又不搶生意,也難怪有人稱此為兄友弟恭豬肝攤。

☕ 命名由來

　　這兒可說是一間沒有名字的店，攤位旁的手寫招牌就大辣辣的寫著「豬肝攤」，三十年來都沒有正式的店名。只因為位在台北市立仁愛醫院後門口，大家都慣稱仁愛豬肝攤。不過第二代接手後，也決定正式定名為「仁愛豬肝」，作為長期經營的第一步。

經營狀況

　　目前第二代已逐步接手，雖然小老闆自謙，比起爸爸來，經驗

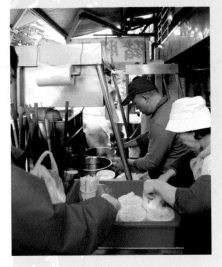

還差得多，不過從國中就開始在店裡幫忙的他，轉眼也已是十幾年的經驗。可以感覺得出來，小老闆是用愉快的心情在經營，之前也曾經在外頭闖蕩，找過其他的工作，最終還是回家繼承家業。雖然「工作時間很長，很辛苦，都有在吃健康食品呢！」但周日、三節固定休息，加上穩定又有豐厚的實質報酬，也難怪小老闆談笑風生，「從十幾歲開始幫忙，再怎麼忙也覺得很正常。」

 地點選擇

原本在仁愛大安路口擺攤，但為了跑警察，一路往巷子裡搬，陸續也搬過二次家，最後才在此落腳。之前不是沒試過在人潮眾多的夜市擺攤，陳奠邦最早以魚丸湯創業，就落腳通化夜市；但競爭者也相對眾多，反而不如選擇醫院、學校附近，一樣是人潮聚集處，「而且豬肝湯開在醫院旁，也算是相得益彰，不少醫生會建議病患抽完血後，來我們這兒喝碗豬肝湯呢！」

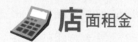 店面租金

　　目前的店面為自有，不到二十坪的空間，約可容納五十個座位，是民國六十幾年貸款購入的，老闆不願透露價格，不過他說，這區是北市的黃金地段，就算買得早，一開始負擔也很重。所以早期還將店面隔成前後兩區域，前頭做生意，後頭則是家人的起居空間，刻苦經營，直到後來生意穩定後，才將整區都規畫為座位區，家人另覓居所。

 硬體設備

　　烹煮的器材類似一般常見的煮麵檯，用來烹調豬肝湯和麵；較為不同的是，近年又添購了切豬肝的機器。過去陳奠邦完全靠手工將豬肝切成

薄片,光是這個步驟就得花上一、二個小時,現在則添購機器協助,雖然去筋等步驟仍以手工進行,但機器的確大幅增進工作效率。

 ## 人手

店內的人手共五人,雖是路邊攤,但卻分工細膩。一位師傅負責煮麵,一位負責煮豬肝,打包收錢的又一個人手,外場端盤、收拾則有兩人。小老闆說,煮麵煮湯的人分開,不但較有效率,火候控制的功夫也更為精進。

從早上六點開店,只見負責煮湯煮麵的師傅,一個接一個麵杓沒停過,店裡的桶子裝載了幾十隻燙麵杓,用來應付源源不絕的客人。

食材特色

　　仁愛豬肝挑選的是黑毛豬裡最高檔、不出血的粉肝，不論是紋路、色澤、柔軟度都要求是最高品質，為了入口好嚼，豬肝皆以人工去筋之後再切片，老闆甚至考量到入口的時間，內用和外帶的火候都不同。湯頭則是用豬大骨和雞骨熬製，再以冰糖取代味精的甜味，老闆娘掛保證，絕對健康，配上Q軟適中的豬肝，湯汁更是鮮美。

　　算得上是豬肝專家的陳奠邦還談起豬肝的食補功

效，「可以養肝補血」，雖然有人會擔心膽固醇過高，但老闆建議，只要適量食用，卻是有益無害，他舉例，像是附近鄰居，有人早餐就輪替著買西式早餐和中式豬肝湯，不但平衡營養也可以換換口味。

人氣項目

早期原本是專賣豬肝湯，現在則多加了乾拌麵，大部分客人坐下來就是一碗麵加一碗湯。豬肝湯不但口感嫩軟，份量也很豐富，薄片粉肝在滾燙的高湯中涮煮至九分熟，加上清甜的薑絲湯頭及爽口的波菜，湯鮮味美，是店內的首選人氣項目！

而許多客人拿來搭配豬肝湯的乾拌麵，則有口感絕佳的麵條配上濃濃醬汁，胡麻醬汁中加入蝦米，散發引人食指大動的香氣；喜歡吃辣的客人，要記得加入老闆自製的辣醬菜，香辣爽脆的口感，還有

客人向老闆單買醬菜解饞！

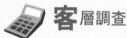
客層調查

　　早期以上班族和醫院的客源為主，但經過三十多年的口碑經營，已有不少從各地而來的客人，而且各種年齡層都有。小老闆說，有的原本是附近上班族離職後，回來解饞；也有聽朋友介紹，遠道而來；還有從中南部上來工作的，特別打包回家給家人品嘗。

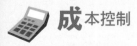
成本控制

　　仁愛豬肝攤向固定豬肉商大量採購，畢竟是老店，量大貨源足夠，總能拿到品質最佳的新鮮豬肝。以量制價，成本也較低，小老闆即自信地說「一般人很難買到。」不過他也說，成本還是很難控制，像之前原物料齊漲，各品項還是不能承受地漲了五元。小老闆說，但老店的好處，至少是不必多做裝潢，維持原本路邊小攤

的風格，只需要專注在食材維持上。

未來計畫

　　小老闆說，未來不排除開放加盟的可能性，但即使開放，也會限定在台北縣，一方面是區隔客群，避免市場重疊；一方面則是考量食材貨源供給，太遠的地區沒辦法顧及。

數據大公開

創業資本	不可考	
坪　　數	17坪	
人　　手	5人	
座 位 數	50個	
月 租 金	0	自有店面
產品利潤	3～4成	約略推估
每日來客數	約150人	約略推估
每日營業額	約12,000	約略推估
每月營業額	約320,000	約略推估
每月進貨成本	約12,000	約略推估
每月淨賺	約100,000	不含人手費用

·豬肝湯／35元
在滾燙的高湯中涮煮至九分熟，
加上薑絲湯頭和波菜，湯鮮味美。

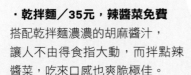

·乾拌麵／35元，辣醬菜免費
搭配乾拌麵濃濃的胡麻醬汁，
讓人不由得食指大動，而拌點辣
醬菜，吃來口感也爽脆極佳。

☕ 老闆給新手的話

老闆娘說，他們作生意別無訣竅，唯一原則就是
老老實實，挑選食材如此、烹調方式亦如是，以作出
健康又好吃的豬肝湯為每天的志業。

作法大公開

材料（2人份的材料量）

項　目	所需份量	價　格	備　註
豬　肝	300克	70元/台斤	粉　肝
薑　絲	適　量	30元/台斤	
豬大骨	一～二份	40元/台斤	熬製高湯
青　菜	適　量	時　價	波菜、A菜

步驟

步驟一、豬肝處理：去筋，切薄片。

步驟二、準備湯頭：豬大骨熬製湯頭。

步驟三、涮豬肝：豬肝片涮至九分熟，放入薑絲、
青菜，淋上高湯。

獨家撇步

　　挑選頂級粉肝、以人工去筋、控制火候不使豬肝過老。

在家DIY技巧

1、豬肝分成多種，有的適合煎炒；煮豬肝湯則一定要挑選粉肝，家庭主婦未必能拿到最好的食材，但要留意色澤光滑暗紅、沒有白斑或腫塊。

2、洗淨後切成斜薄片，在家DIY可沾點太白粉或地瓜粉；並川燙三、四秒去血水；另準備一鍋熱水，加入薑絲、鹽、青菜煮沸後，最後放入川燙過的豬肝及蔥花。

✎ Note

中正紀念堂杭州南路

小籠湯包

美味評價 ★★★★
特色評價 ★★★★
價位評價 ★★★★
服務評價 ★★★★
地點評價 ★★★★
衛生評價 ★★★★★
人氣評價 ★★★★
總 評價 ★★★★

老　闆	黃文佑、黃文俊
店　齡	13年
地　址	老店：台北市杭州南路2段53之5號 一店：台北市杭州南路二段17號
電　話	(02) 23935875；(02) 23931757
營業時間	16:30~24:00；11:30~21:30
公休日	周一公休；無休

現場描述

　　薄薄的餡皮與細緻的餡肉，咬一口，鮮美的肉汁汩汩地流出，讓人忍不住一口接一口。這樣的美食，讓路邊低矮的桌椅坐滿客人，沒有座位的客人則在一旁虎視眈眈，還有等著外帶的人潮，店旁橫七豎八地停滿了汽機車，其中不乏有黑頭車；滿滿的人潮，和著蒸籠的蒸氣，把杭州南路的夜晚烘托的熱鬧非凡。這是號稱擁有「鼎泰豐的實力、三六九的口味、路邊攤的價格」──杭州小籠湯包，想吃上一口皮薄汁多的小籠包，常得等上一、二十分鐘。

話說從頭

這家位在中正紀念堂旁，愛國東路與杭州南路的交叉口，原本是一家用鐵皮屋搭建的路邊小攤，標榜著一籠九十元的平價小籠湯包，經過十三個年頭口碑相傳，光在杭州南路上就有兩家店面，不愧「杭州」小籠包之名。

而店裡的招牌，「鼎泰豐的實力、三六九的口味、路邊攤的價格」則讓人有所混淆，「莫非是鼎泰豐出走的師傅開的店？」、「三六九到底是啥？」

其實杭州小籠湯包和鼎泰豐一點關係都沒有，是由黃文佑、黃文俊兩兄弟合夥起家，一開始也不是賣湯包，而是在自家樓下擺上幾張桌椅就開始經營的熱炒店。後來兩人分頭鑽研不同領域，哥哥著重研發醬汁、弟弟則致力於麵食，不但曾向外省老師傅請教，也曾經到台北第一家上海點心三六九餐廳工作（這也是店內口號的由來），後來結合各家所長，才開始推出自家的小籠湯包。

心路歷程

　　原本，一天只推出五籠小籠湯包，不過是眾多菜色中的一款，後來愈發受到好評，逐漸變成十籠、廿籠，後來竟成了店內主力產品，供不應求，只好減少店內其他的品項，最後乾脆專賣起小籠湯包。

　　「別人的店，東西是越賣越多；我們是越賣越少」目前負責店內事務的店長楊克生說。專心賣湯包後，每日現做現賣，來排隊的饕客是越來越多，常常一排就綿延數百人，一度學起銀行抽號碼牌，也算是小吃攤的奇觀。

生意雖好，但老闆卻有著新的擔憂：不斷傳出將進行都市更新，華光社區可能要拆除、附近居民得搬遷等消息，為了未雨綢繆，大約在五年前，就在鄰近金鷗女中旁，距杭州南路與信義路交叉口一百公尺處開了家分店。

招牌沒變、復古的矮桌椅也沒變；牆上打印著著老店人頭湧湧的照片；但空間與裝潢較原始店更寬敞舒適，也因為廚房的空間加大，新店比老店菜單選擇更多。不過楊克生說，新店一開始生意並不好，「因為客人以為是仿效的競爭者開的店！」，一直到這兩、三年，生意才逐漸穩定，但至今不少老客人仍習慣到老店，穿著西裝坐在矮凳子上，滿身大汗的吃湯包。

☕ 命 名由來

一開始連招牌都沒有，後來簡單掛上手寫熱炒招

牌；開始以小籠湯包名聲大噪後，招牌就改成小籠湯包，只因客人習慣稱呼杭州南路小籠湯包，後來就從善如流命名為杭州小籠湯包。

經營狀況

地點選擇

老闆就住在老店的附近，在自家樓下擺上桌椅、準備炊煮設備，就憑著一身手藝開店，並沒有特別選擇過地點，但附近的確眷村

美食林立，如牛肉麵、豆漿等，亦自成商圈。

 ## 店面租金

老店不需要租金；但在都市更新迫遷危機下，新店則是大手筆直接買下，老闆不願透漏買價多少，但以附近動輒一坪四、五十萬的房價，新店面的價格，少說也在二千萬以上。這的確是一大筆負擔，但楊克生說，當時討論很久也掙扎許久，但後來在一本經營管理的書上看到「寄人籬下的企業很難賺錢」，一咬牙就決定買下自有的店面，希望能長長久久做生意。

硬體設備

針對有興趣製作小籠湯包的後進，楊克生列出基本的設備，提供大家參考，包括打麵機約二萬五千元、工作檯冰箱與冷凍冰箱各一，共約六萬元，還有含風爐的蒸檯約

四萬，總共約在十五萬元以內，如果想要更省，環河南路一帶也有中古的二手設備可供採購。

人手

營業時間從中午十一點半到晚上九點半，總共需要人力約為十五人，楊克生表示，為了讓人力排班最具效率又降低成本，煞費苦心思考，將人力區分為早晚班，晚班比早班晚兩個小時，中午十二點到班，早班負責開店，晚班負責打烊，這樣一來，既不必額外支付加班費，中午和傍晚客人數最多的用餐時間，又剛好兩班都在。

食材特色

楊克生自豪地說，八個字就可道盡杭州小籠湯包的特色：「皮薄、肉嫩、湯多、不油」。外皮是用簡單水、麵兩種

原料，沒有其他添加物，但要揉出彈性的麵皮可不簡單，須配合天氣，天熱時麵糰易軟，加的水量較少，冬天則反之；揉麵糰的力道也要夠，才會讓麵糰香Q，且桿麵皮時，外緣要薄、中間則要留有厚度，蒸的時候才不容易破掉。

嫩肉是挑選上等後腿肉，肥瘦比約為三比七，經過分肉剔除難咬的雜質、皮、筋，讓湯包肉餡咬起來的口感細緻容易入口。而湯包最要緊的則是湯多，老闆適用老母雞加豬大骨熬煮十二小時，膠質都熬出來後自然結凍，再與肉、蔥汁和勻，造就會爆漿的湯汁。

人氣項目

人氣項目非小籠湯包莫屬，一籠九十元。皮薄卻紮實不易破，裡面的餡料肥瘦均衡，加上

濃厚的湯汁相伴，店家建議，食用前先將小籠湯包放在湯匙中，咬破個小洞將湯汁吸光，最後再沾醬汁吃下肚！還可搭配店家放在調味醬料旁的辣醬菜，清爽的小菜可以調和湯包的濃厚口感，而且是免費自由取用。

除了皮薄多汁又不油膩的小籠湯包以外，店家也推薦麻辣臭豆腐、大餅捲牛肉。臭豆腐和大餅捲牛肉的醬料都是黃老闆特調，與市面一般店家口味不同。臭豆腐以絞肉、火腿、蝦皮、辣椒乾、碎蘿蔔、辣豆瓣醬拌炒而成的醬料拌入臭豆腐清蒸，辣香的醬汁是老闆研發；而大餅捲牛肉外皮兼具Q度與嚼勁，內包牛肉、大蔥加特調甜麵醬，味道清香不油膩。其他如的先蒸再煎的三鮮鍋貼，內含飽滿蟹黃好料的蟹黃湯包，也都銷路極佳。

客層調查

　　而杭州小籠湯包的客人，以家庭用餐最多，還有附近的上班族、兩廳院散場後的觀眾，當然還有忠誠度高的老主顧。老闆說，店裡的生意幾乎沒有明顯的淡旺季分別，除了強烈寒流來襲大家都不想出門的時候稍差，其他時間都挺不錯的。

成本控制

　　談起控制成本，杭州小籠湯包自有一套節能減碳的標準作業流程。老闆說，開小吃店，水電瓦斯開銷極大，卻又不能不用，必須要從小處著手。例如食材提早退冰，蒸小籠包時，同時蒸小菜排骨等其他品項。

　　至於控制叫貨、買進的材料照時間順序排列等，都可避免食材浪費；即使是人力控管，杭州小籠湯包也擬定出SOP（標準作業流程），可說是

逐步以企業化經營的小吃。

 未來計畫

　　非常多人曾詢問加盟事宜，可是老闆認為自己還沒準備好，目前多數的時間，都在開發相關產品，例如菜肉包、紅豆豆沙包等麵食小點。但二〇〇九年將是杭州小籠湯包打算大展拳腳的一年，因產品開發已成熟，今年開始，杭州小籠湯包不但將開放加盟，還將推出宅配服務及官網。不過，楊克生也強調，初期考量輔導、協助等問題，加盟據點將以台中以北為主。

 數據大公開

創業資本	約15萬元	
坪　　數	約70坪	一店含後場廚房等
人　　手	15人	
座 位 數	100個	
月 租 金	無	老店為自家宅 新店為買下自有 （貸款負擔不願透漏）
產品利潤	3～3成	約略推估
每日來客數	300人	約略推估
每日營業額	60,000	約略推估
每月營業額	200萬元	約略推估
每月進貨成本	60～70萬元	約略推估
每月淨賺	60萬元	不含人手費用

·小籠湯包／90元
「皮薄、肉嫩、湯多、不油」，還有會爆漿的湯汁，就是美味。

‧臭豆腐／80元
以絞肉、火腿、蝦皮、辣椒乾、
碎蘿蔔和辣豆瓣醬拌炒再清蒸，
也是人氣商品。

‧大餅捲牛肉／90元
‧人氣小菜／30～50元
　每樣小菜都銷路極佳，充滿老闆的愛心。

☕ 老闆給新手的話

　　老闆強調，做小吃生意最重要是有興趣和親力親為，就像杭州小籠湯包經營十三年後，生意即使穩定了，還是不斷開發新產品、拓展可能的商機，如宅配、加盟等，「說穿了，就是為了兩個字，賺錢！」楊克生說。此外，新手不太能掌握銷售量，他也建議初期品項不要太多，應以穩紮穩打為策略。

作法大公開

材料 （3～4人份的材料量）

項　　目	所需份量	價　　格	備　　註
中筋麵粉	300g	26元/台斤	
前腿絞肉	300g	90元/台斤	
老母雞	半隻	50元/台斤	製作雞汁凍
豬大骨	一份	40元/台斤	
鹽、糖	適量	10元/台斤	
蔥　汁	適量	30元/台斤	
薑　絲	適量	21元/台斤	

步驟

步驟一、製作麵皮

麵粉混入冷水，比例約為1.8：1，揉成麵團後覆蓋保鮮膜靜置15分鐘；將麵團再次揉勻至不粘手，搓成長條狀，分成小麵團，桿成麵皮，每片麵皮約重六公克。

步驟二、熬煮雞汁凍

用老母雞、豬大骨和水熬煮8～12小時，放涼成凍。

步驟三、準備肉餡

肥瘦肉比例是3：7，加入適量鹽、糖、蔥汁及放涼的雞汁凍，混合後充分攪拌。

步驟四、捏小籠湯包

一手拇指推擠餡料,另一手拇指食指捏皺折,一面往上提、一面轉並打摺,每個約打18～21摺,最後封口成形。

步驟五、炊蒸

用蒸籠或電鍋蒸約六分鐘,
水氣要足,才能讓小籠包飽滿。

獨家撇步

1、揉出有彈性的麵皮須配合天氣，天熱時麵糰易軟，加的水量較少，冬天則反之。

2、內餡肉肥瘦比約為三比七，口感最佳；內餡雞汁凍以老母雞加大骨熬製，內餡才會鮮甜。

3、兩手相互配合，一手推擠餡料，一手打摺，最好落在18～21摺（小籠湯包18摺以下口感太粗；21摺以上容易破壞美觀）。

🏠 在家DIY技巧

1、桿皮時，外緣要薄，中間須留厚度，側面看來如為小丘般有幅度，蒸小籠包時才不易破。

2、雞汁凍（皮凍）作法，市場上也有人以豬皮、雞爪或魚膠等加高湯製作後冷凍，是較簡易的作法。

3、小籠包皮薄易破，可以墊上專用的包子紙或蒸籠紙。

小黑人米苔目

市政府忠孝東路

路邊攤賺大錢
Money
13

美味評價 ★★★★
特色評價 ★★★★
價位評價 ★★★★
服務評價 ★★★★★
地點評價 ★★★
衛生評價 ★★★★
人氣評價 ★★★★
總 評 價 ★★★★

老　闆	張進平
店　齡	30年
地　址	台北市忠孝東路五段236巷18號
電　話	（02）8789-1209
營業時間	周一～周五　9:00~19:00
	周六～周日　9:00~17:00
公休日	無公休日，颱風天休息

現場描述

　　筆者非常喜歡吃米苔目，滑溜的口感，又帶有香Q嚼勁，比起白飯或麵食類，除了吃飽，彷彿多了吃巧的另一番滋味。話說米苔目原是客家人蒔田割禾常用的小點心，和它的口感相呼應，米苔目本身就是一種充滿「彈性」的米食，可以做正餐、做點心；可以熱吃、涼吃，而且鹹甜皆宜。

　　因此，在多數的剉冰店都可見米苔目為眾多配料之一；而在許多麵店也兼賣米苔目，不過以專賣米苔目為號召的店家就不多了。從路邊攤開始擺攤到現在已有店面的「小黑人米苔目」，民國67年至今已經營了三十個年頭，鹹的米苔目全年供應，甜的米苔目則夏季限定，一年四季提供這香Q滑溜的滋味。

話說從頭

　　今年已經六十四歲的老闆張進平，原本是美軍俱樂部的爵士鼓手，隨著樂團到處表演。在三十年前，張進平就有感音樂界景氣變差，餐廳、俱樂部或招待所的老闆越來越不願意請樂手表演，表演合約間常有空檔，空檔期間只能坐吃山空。

　　背負著經濟壓力的張進平對此充滿危機意識，因此想要另謀出路，而從小就喜歡下廚的他，便決定選擇小吃作為出路，張進平自豪地說「不是我臭屁，我煮的東西真的好吃！」

☕ 心路歷程

　　選擇自己愛吃的米苔目作為產品，第一年張進平只賣冰的米苔目，夏天上工，冬天休息；但考量如此無法累積客戶忠誠度，二來收入也不穩定，第二年就改成夏天賣米苔目冰，冬天賣蚵仔麵線。

　　雖然麵線的生意還可以（張進平說，「我煮的麵線非常好吃，不輸那些知名的店家」），但有客人向張進平建議，賣麵線的店家到處都是，幾乎每五十公尺就有一間，既然米苔目做得

好吃，熱食何不也賣米苔目？從此，張進平開始了專賣米苔目的生涯。

回憶剛開始賣米苔目時，擔心生意不穩定，張進平並未放棄樂團表演的工作，晚上表演到十一、二點，回到家都快凌晨一點，半夜四點又得起床備料，每天忙到下午只能偷閒睡個半小時，又得到俱樂部演奏。每天幾乎只睡三、四個小時，但張進平在備料上卻絲毫不敢偷懶，「小吃生意就是得靠口碑，再辛苦品質都不能下滑。」

小黑人所用的米苔目都是當天現作，而且，張進平堅持鹹甜所用的米苔目製做各不相同，用在鹹的米苔目得做得較Q耐煮，在熱湯中口感才能維持；而米製品遇冰會變硬，用在甜的米苔目因此須做得比較軟，加冰後才會「爽嘴」。

而鹹米苔目的湯頭則用豬大骨每日熬製，清甜的高湯可以免費喝到飽，張進平給想做生意的後進者建議，讓消費者占占便

宜，生意反而能做得長久。

即使在兩年前，張進平在點收器材時不慎撞傷頭部，造成外傷中風，左半邊手腳皆有所不便，但每天早上四點多前往北醫復健後，張進平還是堅持每天進店裡備料熬湯，這樣的堅持，也難怪許多一吃二、三十年的老主顧，不定期就得來小黑人解解嘴饞。

☕ 命名由來

在採訪前，原本預期看到的是一身黑黝黝的壯碩老闆，但登門拜訪後，我馬上問了張大哥，「老闆，你並不算太黑啊，店名為什麼叫小黑人呢？」

原來，拜師學習爵士鼓時，張進平還只是個不到二十歲的年輕小夥子，愛打球、愛運動，曬得一身黑，拜師第二天，老師和同學們就開始喊他「黑仔」。張進平說，「一開始，還不知道是在叫我哩！」久而久之也

就習慣這綽號，決定要開店後，就順勢延用，但擔心「黑仔」不太好聽，改成小黑人就親切的多。

經營狀況

地點選擇

最早張進平是想選在人潮眾多的六條通擺攤，但該區小吃眾多，晚到的他常沒有位子；一氣之下乾脆選個剛在開發的地區——信義區，就在松仁路附近的巷子擺攤。三十年前，信義新天地一帶才剛開始有路，大樓才開始興建（新光三越信義新天地第一棟A11館在民國86年才開館），可以想見當年張進平在此擺攤時，信義區的面貌是大不相同的，當時的客層多半是在蓋大樓的工人，還有聞香而來的計程車司機。

特別是做出名聲後，曾經在大馬路上並排

四列計程車，都是等著吃他的米苔目，也因此引起警察的關注和取締；為此張進平一度跑到新店租了店面，想説有不少科技公司員工，沒想到卻只有中午休息時間有人潮，只好回到老地盤信義區繼續擺攤跑警察。

　　直到十年前，才在現址找到適合的店面，由於離過去擺攤的地點不遠，不但老客人未流失，隨著信義區的開發，不少新客戶上班族也陸續上門。

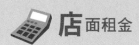

店面租金

　　十九坪大的店面，室內擺放了七張桌椅，店門口還可視人潮狀況再放二到三張桌子，雖然不大，但因位在信義區巷內，一個月租金要價四萬元。張進平説，其實路邊擺攤比店面成本要低得多，來客數也較多，只是年紀大了，還是以穩定為主要考量。

硬體設備

所用硬體設備其實並無特別，半自動的機器協助張進平製作米苔目；冰箱則用來放置新鮮小菜，張進平強調，要做出好吃的料理，最重要的是食材本身和主廚經驗！

人手

由於平假日來客數差異不大，雖然平日中午上班族來用餐的人數會多些，但還在夫婦倆人可支撐的範圍，所以並未另外請人手；只是在張進平兩年前意外受傷後，另外請了一位印傭，協助照顧起居，有時也會幫忙店裡的事務。

食材特色

美味的關鍵在於現做原料、現熬鮮甜湯頭和畫龍點睛的配料蝦米油蔥。米苔目由特選在來米，加入少許玉米粉、地瓜粉及老闆特調的成份，每日一早現做。而

米苔目搭配的高湯免費喝到飽則是店內特色，一鍋高湯色澤金黃誘人，吸飽了大骨、嘴邊肉、二層肉的精華，老闆特別介紹喝法，先嚐一口原味高湯，再灑上些許白胡椒，可以喝到兩種不同滋味。

許多老饕客則是特地來啃「大骨」，用來熬湯的大骨每日限量十來份，煮到裡頭的骨髓全都酥了，入口卻又咬得著肉的口感，火候十足。

 ## 人氣項目

店內的唯一主食——米苔目，不論乾湯一碗皆為四十元，老闆說，有個公車司機是老客人，下班後常來，每次都得大啖三碗米苔目才滿足。

其他小菜也各有千秋，每份皆五十元，特別推薦大腸頭和豬喉嚨。清洗得超乾淨的大腸頭，只是簡單淋上醬油膏和蔥花，單純品嚐食材本身的Q滑口感就很值得；豬喉嚨

則是外頭少見的小菜，除了一般瘦肉帶筋的雙重口感外，還加上脆脆的軟骨口感，而且完全不採滷製，直接吃到食材原汁原味的甘甜。

至於食材的掌握，張進平建議，一開始一定要多試幾家、親自跑市場，等到與供應商建立默契後，才能掌握食材的品質。

客層調查

雖然位在松山工農的正對面，但學生客群並未如一般人想像的多。張進平笑稱，現在的學生一整天都被關在學校裡，哪能出來消費，放學了也趕著回家或補習；只有夏天，米苔目冰會特別得到學生們的青睞。

多數時間，還是以口碑打下基礎的老主顧和周邊的上班族為主要客層。而張進平也隨著客層的變化而調整供應的小菜，在路邊攤車時

期，多數客人是計程車司機、正在興建大樓的工人，當時張進平的招牌小菜之一是五花肉；但搬到現在的店面後，客層轉為女性上班族居多，五花肉就改為二層肉，油花沒這麼多，更符合現有客層的需求。

成本控制

張進平說，路邊擺攤時期，利潤大約可到六成，有了店面後，租金、水電相關成本都增加，利潤反而只剩四到五成。不過，張進平建議，心力、成本要花在有錢會進來的項目，像他曾嘗試增加主食產品——加賣魯肉飯，但因店裡的湯無限供應，他發現點滷肉飯的客人往往只配湯，不點小菜，反而讓利潤大大衰退，累到自己卻徒勞無功，還不如把心力放在米苔目和其他小菜。

未來計畫

　　開店三十年，有不少老顧客都曾詢問過開放加盟的意願；也有不少家庭主婦問過能否購買米苔目原料回家料理，但因米苔目都是每日現做，數量實在有限，特別是張進平受傷後，更難提高生產量。

　　但張進平確有考量再開發新產品，「只要復健有進展，希望再開發『涼拌米苔目』」，腦袋停不下來的他，從涼麵得到的靈感，正思考和實驗獨家醬料好搭配涼拌米苔目，如果新產品順利，也不排除再開分店，但一切都得看身體復健的狀況。

數據大公開

創業資本	約10萬元	
坪　　數	19坪	
人　　手	2人	
座 位 數	30個	
月 租 金	4萬	
產品利潤	約五成	
每日來客數	250～300人	
每日營業額	約20,000	
每月營業額	約60萬	
每月進貨成本	約25萬	
每月淨賺	約30萬	不含人手費用

・米苔目／40元
美味的關鍵在於現熬、鮮甜的湯頭
和畫龍點睛的蝦米油蔥。

・人氣小菜／50元

小菜各有千秋，特別推薦大腸頭和豬喉嚨。簡單淋上醬油膏和蔥花，單純品嚐食材本身的Q勁和原汁原味的甘甜。

☕ 老闆給新手的話

　　小吃看來容易，但要能脫穎而出，往往是下過不足為外人道的苦工。當年在美軍俱樂部打鼓表演的空檔，張進平就喜歡跑廚房，和主廚聊天，談論各種料理的訣竅，一路多看多觀察，還得靠自己多做多摸索，才逐漸有今天的手藝。

　　張進平強調，口碑建立和新產品的研發，是成功的關鍵。所謂新產品未必是全然不同、標新立異的東西，但至少須找出自家產品和市場上產品的差異點；然後是建立口碑，要讓顧客吃過就幫你做正面宣傳，而不是告訴親朋好友以後別再來。

作法大公開

材料（2人份的材料量）

項　目	所需份量	價　格	備　註
在來米	300克	25元/台斤	製作米苔目
玉米粉	一大匙	一包500g約30元 36元/台斤	
地瓜粉	一大匙	一包300g約36元 60元/台斤	
蝦　米		200元/台斤	熬製高湯
油　蔥	適　量	一包60g約15元 90元/台斤	
肉　燥		90元/台斤	
韭　菜	少　許	18元/台斤	
豬大骨	一～二份	40元/台斤	

步驟

步驟一、

浸泡過的在來米用機器磨成細漿，透過麵撈杓細孔，擠壓成長條狀的米苔目，然後放入沸水中煮熟。

步驟二、蝦米爆香

步驟三、米苔目燙過，加入蝦米及韭菜

独 獨家撇步

老闆自製米苔目，特別區分鹹甜口感。鹹的米苔目做得較Q耐煮，在熱湯中口感才能維持；而米製品遇冰會變硬，用在甜的米苔目上須做得比較軟。

在 家DIY技巧

如欲在家自製米苔目，因不比店家有機器，須準備篩網，建議圓洞直徑約0.5cm的篩網較適宜。若欲節省時間，亦可直接購買現成米苔目，購買時為辨別是否添加防腐劑，可留意產品顏色有無過白、聞起來有無酸味等，還可在烹煮前浸泡四十分鐘清水，減少防腐劑殘留量。

讚 美味見證

陳先生
42歲
餐飲業

推薦原因：

吃了十多年，從以前開計程車時期就愛吃，即使搬到天母，今天還特別帶著兒子來吃。這裡的口味、湯頭，都是台北其他地方沒有的，而且還有數十年如一日的品質。米苔目加了蝦米，更能引出湯的甘甜；小菜部分則特別推薦大骨和二層肉。

阿財彰化肉圓

東區龍江路

路邊攤賺大錢
Money
13

美味評價 ★★★★
特色評價 ★★★
價位評價 ★★★★
服務評價 ★★★★
地點評價 ★★★
衛生評價 ★★★★
人氣評價 ★★★★
總　評價 ★★★★

老　　闆	黃文財
店　　齡	30年
地　　址	台北市龍江路21巷13號
電　　話	（02）2751-7426
營業時間	8:00～13:30
公 休 日	無固定公休，每月約休三到四天

現場描述

　　肉圓，名列台灣十大小吃之一，Q彈滑溜的外皮隱隱可見豐盛的內餡，是台灣街頭巷尾常見的小吃。較具代表性的肉圓如彰化肉圓、北斗肉圓、高雄肉圓等，特別是彰化肉圓幾乎成肉圓的代名詞，彰化縣政府連續兩年舉辦肉圓節，頗有向各路英雄下戰帖的意味，而阿財彰化肉圓正是源自道地彰化風味，晶瑩剔透的彈牙外皮，加上實實在在的前腿豬肉以及香味四溢的醬汁，雖然店面隱身在巷弄間，但死忠的客戶仍然絡繹不絕。

話說從頭

老闆黃文財是道地的彰化人，年輕時在家中的鐵工廠工作，但一心想到外頭闖蕩的他，不甘終日窩在工廠裡，因此興起想到台北做生意的念頭。

想創業可手頭上的資本不多，黃文財認為，最好的選擇莫過於小吃，而在眾多小吃類型中，肉圓既是故鄉彰化的特產，又是最能直接吃到「實料」的小吃，因此決定學習肉圓的作法。

黃文財說，一開始是向朋友學，還在彰化賣過幾個月當作「實習」，剛好有親戚住在台北，他就毅然帶著妻子北上投靠，展開辛苦的創業之旅。

☕ 心路歷程

帶著五萬元的創業資本，黃文財笑稱是「來台北流浪」，「一切都靠自己做」。因為有著鐵工廠的經

驗，包括油鍋的設計、行動攤車打造，他都是購買材料後自己動手打造，雖然辛苦，但也因此省下一些花費。

黃文財說，一開始擺攤簡直比做小偷還辛苦，每天跑警察。後來租店面也因為房東、租金等因素，陸續遷移過三回，一直到十年前才買下現在的店面，

賣了三十年，但阿財彰化肉圓的產品還是只有兩種，肉圓與魚丸湯。黃文財說，實在是手工的小本生意，不要說是想多開一間店，連想再增加一樣產品都

心有餘而力不足。因為肉圓的材料都是每天手工處理，包括豬肉也都是請配合廠商現殺現送，連醬料都是當天手工磨製，如果用不完剩下的就丟掉。如果想要多賣小菜之類，就得增加許多準備工作，如洗菜、切菜、備料、滷味等，甚至要洗的碗盤都得增加，黃文財說，縱使知道可以多賺錢，也太累做不出來。

此外，老闆還有著品質管控的精神，直到今天，每個月黃文財都至少吃掉二、三十顆自家的肉圓，確保食材品質及口感味道維持水準，問老闆難道不會吃膩，老闆有自信的回答，好吃的東西絕對吃不膩，否則怎麼會有天天來的客人？

而來這兒用餐的客人，看起來也的確都是熟門熟路，老闆不等點餐就先問到「照舊小碗加魚丸湯」？客人則熟練地自己加醬加湯，用完後則分門別類丟進資源回收處。還有客人主動跟記者介紹，「我從小女

孩吃到現在都快四十歲了！」

　　不只附近鄰里從小吃到大，也非常受到附近的公司行號的青睞，經常要求外送。就在採訪的同時，第二代小老闆趕著外送，因為台北長庚醫院訂了一百個肉圓。可能就是老闆這樣實在的精神，讓這個三十年的小店逐漸累積起名聲，從小吃到大也不厭倦。

東區龍江路　阿財彰化肉圓

☕ 命名由來

　　老闆說，命名沒啥學問，因為來自彰化，所學肉圓作法也是源自彰化，自然而然就取名為彰化肉圓，再加上自個兒的名字，簡單易記，就成了今天的招牌。

 經營狀況

地點選擇

黃文財認為，選地方主要考量是居住的地緣關係，他也曾經到板橋地區尋找，但從中部北上，人生地不熟的新手，實在找不到好的攤位，最後考量親戚住在龍江路附近社區，黃文財即選擇社區附近的小市場擺攤，他認為對區域的熟悉度才是找到好位置的關鍵。

店面租金

目前開店的店面是老闆自家的，擁有該店面約十年，當初是購買法拍屋而得的。

約三十多坪大的地方，讓備料、蒸肉圓都能

在後場進行，前場人不多時，老闆娘和兒子媳婦就在後場準備，如果排隊人潮一多，就能機動幫忙。雖然老闆不願透露當初購買的價格，但可以確定的是略低於附近的購屋行情。黃文財認為，能找到好的店面，靠的是對附近的熟悉度，而現在有了自家的店面，每月僅需負擔水電費約數千元；不但不用跑警察，也比擺攤時期更能提供乾淨、衛生的產品。

硬體設備

現今有了自己的店面，硬體設備當然也更加完善，除了蒸籠、油鍋，還有三個大冰箱、各種架子等，但草創時期僅簡單準備最基本的設備，在一般批發市場均可備齊。

 人手

　　早期推著攤車跑警察,只有夫妻兩人胼手胝足努力,到現在擁有忠實的老顧客,還不定期接到各種外送訂單,兒子媳婦也加入幫忙,不過實在忙不過來,黃文財另外還加請一位人手,總共五人負責分工合作。

食材特色

　　用的都是台灣的原料,豬肉是用前腿肉,老闆堅持要用手工切,而不是直接用機器處理成絞肉,「這樣吃起來才有嚼勁口感!」手工切塊後,用醬油、鹽、胡椒、獨家特調的中藥香料醃製七、八個小時;筍絲則是挑選來自古坑的脆筍。蒸熟後放進油鍋酥炸五分鐘,起鍋後加入米漿磨成的醬料、蒜泥、香菜等調味,有興趣挑戰阿財手工辣椒醬的,也可加上一匙辣醬,保證風味十足!

　　老闆說,他的肉圓和醬料是分別師承不同的朋友,可以說是綜合各家所長,而好吃的最大原因,還是料好實在,全都是手工打造。

人氣項目

　　店內肉圓分大碗、小碗，新客可能會有些疑惑：
肉圓還分大小碗？其實大碗就是兩顆、小碗則是一顆
肉圓。一旁的生肉圓未入鍋前就是晶瑩剔透，透明的
外皮，Q彈用看就看得出來。

客層調查

　　主要客層就是附近居民和上班族，不過近幾年
經過媒體的介紹，各地來自景美、大直的饕客也都特
地前來；老闆說，住在龍江路大廈的副總統蕭萬長夫
人太太也曾經來買。有個老主顧打趣說，「我可是追
著老闆追了幾十年！」老闆連忙澄清，「是追著我的

肉圓啦！」阿財彰化肉圓歷經推車，數次租屋，到買下自個兒的房子，店址累經更迭，但只要抓住客人的心，客人也一路跟著阿財跑。

成本控制

已經是經驗老道的三十年老店，老闆認為，「成本沒有辦法控制」。開店三十年，但只調過兩次價錢，黃文財說，「物價漲的時候，利潤就薄一些」，但絕不能因此降低食材品質，或更換口味，否則失去的口碑與客人，反而得不償失。

說著說著，老闆舀起一匙米漿做成的醬料，「要做成這個醬料的米漿濃度，只要舀個兩大匙在外面都能賣十五元了！」也許就是這樣不計成本的經營，反而贏得客人們的心。

未來計畫

雖然生意穩定，但老闆並沒有打算再開分店，畢竟是全手工製產品，一天做五六百個幾乎已是極限；目前也無計畫開放加盟或授徒，一身的經驗將傳承給兒子。

密 數據大公開

創業資本	5萬元	
坪　　數	約30坪	
人　　手	5人	
座 位 數	0	
月 租 金	0	
產品利潤	5～6成	約略推估
每日來客數	約200人	約略推估
每日營業額	約16000	約略推估
每月營業額	約500000	約略推估
每月進貨成本	約200000	約略推估
每月淨賺	約300000	不含人手費用

·肉圓／大碗60元，小碗30元
加入了米漿磨成醬料、蒜泥、香菜
和手工辣椒醬等調味，風味十足。

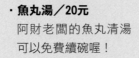

·魚丸湯／20元
阿財老闆的魚丸清湯
可以免費續碗喔！

☕ 老闆給新手的話

　　老闆娘黃太太說，外人可能覺得小吃好賺，其實辛苦超乎外人的想像。老闆黃文財也說，就連打烊後看電視，都一邊手工剝蒜頭，準備做醬料。

　　如果要給建議，老闆娘認為，沒別的訣竅，就是「認真做、辛力儉」（台語），「當一樣東西摸了三十年，當然會知道訣竅！」她舉例，就好像有些店，客人會覺得第二代做的比較不好吃，父母怎麼可能留一手秘訣不傳呢？其實就是第二代做得不夠久，經驗所致。所以，小老闆其實也在店中幫手好多年了，就是為了培養傳承經驗，為日後承接做準備。

作法大公開

東區龍江路
阿財彰化肉圓

材料（3～4人份的材料量）

項　目	所需份量	價　格	備　註
在來米粉	150克	40元/台斤	調製肉圓外皮
地瓜粉	半斤	約50元/台斤	
太白粉	半斤	約50元/台斤	
豬　肉	1斤	約80元/台斤	製作內餡
筍　絲	1包	約40元/台斤	
蔥頭、鹽、醬油	適　量		
香菜、蒜泥、在來米漿	適　量		調製醬料

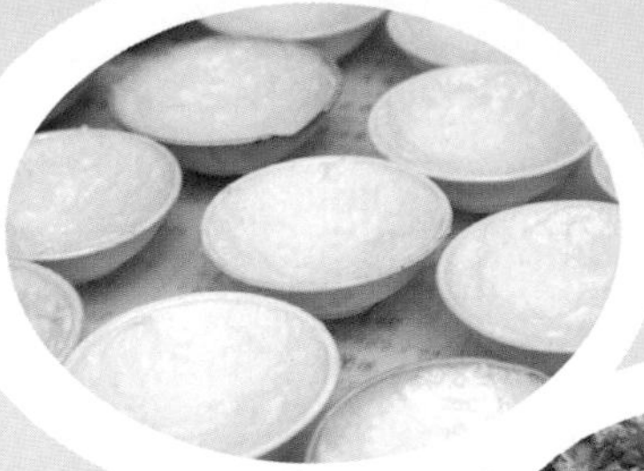

度小月

祕步驟

1

2

3

步驟一 　將在來米煮成米漿，加入地瓜粉、水，攪拌均勻調成粉漿。

4

步驟二 　內餡準備。
豬前腿肉切塊後，用醬油、鹽、胡椒與中藥香料醃製；筍絲洗淨後用開水川燙。

5

7　6

9　　　8

10

在製作肉圓的小碟上抹些許
油,將步驟一調勻的粉漿抹一層
於碟上;將肉餡與筍絲置於粉漿
後,在抹上一層粉漿。　　**步驟三**

11

將完成的的小碟放入
蒸籠蒸十五分鐘,後放入約
一百七十度之油鍋炸約五分
鐘後即大功告成。　　**步驟四**

12

13

99

獨家撇步

視天氣冷熱與乾濕程度，水與米漿、地瓜粉的比例須稍做調整，但此為老闆獨家經驗，難以詳述。

在家DIY技巧

1、在來米粉加水，以中小火煮成米漿，過程加入少許地瓜粉，需邊煮邊攪拌。

2、肉餡可前一天準備，選購夾心肉切成小塊，並稍加醃製。

3、肉圓模子在大型烘培材料行可買到，或以家中小碗代替，底部須抹些許油（蒸熟時才好脫模），再加入粉漿和餡料。放入蒸籠或電鍋大火蒸15分鐘。

4、喜愛清淡口味者，蒸熟後可不經油炸就食用。

✏️ Note

東區龍江路
阿財彰化肉圓

建中
黑砂糖刨冰

西區泉州街

美味評價 ★★★★★
特色評價 ★★★★
價位評價 ★★★★
服務評價 ★★★★★
地點評價 ★★★
衛生評價 ★★★★★
人氣評價 ★★★★★
總 評 價 ★★★★

老　　闆	第三代，郭自盛
店　　齡	50年
地　　址	台北市泉州街35號
電　　話	（02）2305-4750
營業時間	10：00～20：00，冬天11：00營業
公休日	11～2月周一公休，夏季無休

現場描述

　　在冷颼颼寒流來襲的十一月底，前來採訪建中黑砂糖刨冰店。原本以為這種天氣，想必不會有太多客人上門，應該會有很充裕的時間和老闆閒聊老店的經驗和製作撇步，沒想到十一點一開店，就陸續有客人上門，三不五時還得應付外送訂單，冬天都如此，更不用說夏天的盛況，一天至少可賣出上千碗。這間已有六十年歷史的老店，可說是開啟全台黑糖刨冰旋風的始祖。

話說從頭

走進店內，頗具現代感的裝潢，紅色牆面配上液晶電視，牆面上充滿著客人的塗鴉（多半是建中學生），一時讓人有點難以聯想這間老店的歷史，一直到嚐過店內的招牌黑砂糖刨冰、黑糖粉粿，才能感受那香濃的懷舊滋味。

已經是第三代老闆的郭自盛回憶，從日據時代阿公郭再生就推著攤車在南海路上賣冰，還兼賣過糖葫蘆；而父親郭炳南承接後，則是在建中後門圍牆外擺攤，在寧波西街大樹下一擺五十年。當時夏天賣冰、冬天賣麵，不止黑糖刨冰暢銷，炸醬麵、豬油拌麵也是一絕，建國中學學生常爬上圍牆，排成一整排地揮手買冰，有人叫它是建中人的回憶，也有學生稱為數十年如一日擺攤的郭炳南為「守護紅樓的土地公」。

由於父親已經七十四歲，在兩年前，從小在攤位上幫忙的郭自盛接下家業，也將路邊小推車轉為今天在泉州街的店面。不過，郭自盛說，要不是過去擺攤的地方要新建豪宅，他和爸爸媽媽都捨不得搬，「畢竟這麼多年感情」。

　　進駐店面第一年，郭自盛原本維持夏天賣冰冬天賣麵的傳統，但因店內不大，鹹食甜食料理在食材、器材準備上大不相同，清理上也不容易；加上現代人飲食習慣與過去大不相同，二十年前有不少人吃麵當

早餐，但現在美〇美早餐店一間又一間的開，也讓麵食生意不如從前。第二年後，郭自盛便忍痛割捨麵食類，改為全年賣黑糖刨冰，冬天則加賣紅豆湯與燒仙草。不過直到今天，不時還有老客人特別在冬日上門，想回味記憶裡豬油拌麵的香味，郭自盛只能連連説抱歉。

雖然有所變革，但老客人一樣捧場，包括一屆又一屆的建中學生。建中黑砂糖刨冰的黑糖特別濃郁香醇，有如麥芽糖般稠密，郭自盛説，光是這黑糖就得熬上三、四個小時；而粉粿、米苔目也都是自家手工製作，夏天時郭自盛幾乎一整天都得待在廚房製做粉粿，否則供不應求。郭自盛説，黑糖、粉粿、米苔目等，都是承接自阿公的獨家秘方，而其他食材的處理，則是經過爸爸媽媽不斷的改良，融合幾代的經驗，才有今日的好味道。

☕ 心路歷程

　　身為第三代傳人，才二十出頭歲的郭自盛有著不小壓力，剛開始也會不平衡，「女朋友總是抱怨沒時間陪她」、「自己也不知道幾百年沒買過衣服」；夏天時，更是一天都不得公休，否則隔天就等著被客人罵，工作時間很長；不過，正式接手的這兩年，錢也全數到自己的口袋，郭自盛說，那種責任感就是不同，「而且爸媽年紀都大了，他們也只能倚靠我。」

　　雖然偶有抱怨，但觀察郭自盛與客人的互動，其實是很樂在其中的。面對熟客，他熱情地問候客人的近況；期

中考空檔溜出來吃冰的建中生，郭自盛會詢問他們各科考得如何，還會推薦加粉條，因為吃了「穩中」、「連競選的立委議員都會來吃喔。」如果是新客人，郭自盛則不忘介紹可

以無限加糖加冰，「我們也是吃到飽啦！」連吃完冰的客人詢問在地的房產狀況，郭自盛也都知無不言、言無不盡。他說，最大的動力在於看著客人心滿意足地離開的笑容，真的很有成就感！

☕ 命 名由來

原本是無名小攤，但在建中圍牆外一擺五十年，早已和紅樓的歷史和情感融合，即使搬離後門開設店面，也就順理成章沿用「建中黑砂糖刨冰」。郭自盛心中，更有所期待，他特地將店名註冊商標，希望自己這家店能成為地標性的美食，就像到高雄就想吃阿婆冰、到永康街就會想到鼎泰豐。

 經營狀況

🖩 地點選擇

　　過去沒有店面，雖然阿公或父親主要擺攤的地點都不脫南海路學區，但偶爾也會移動餐車到不同的地點測試，郭自盛說，父親郭炳南就曾經推車到西門町，而且還是「生意最好的一攤！」雖然如此，但在建中後門一待數十年，和建中師生、附近居民都建立起感情，加上忠實顧客也都習慣不遠前來吃冰，因此在尋覓店面時，仍以附近的區域為目標，最後選擇了泉州街上的小店面。

店面租金

搬到泉州街店面不過兩年光陰，店面約二十坪出頭，月租要價三萬三千元，比起其他地區店面的房租成本不算太高。郭自盛本來有意買下，不過房東表示，這是「龍穴」，只租不賣。

扣除後場的廚房空間後，店面其實不大，設計成吧檯式的座位，加上門口可擴充的座椅，大約可容納二十五至三十個座位。郭自盛笑說，剛承租時的店面簡直是蟑螂老鼠穴，還花了好一番功夫整理。不過，身為第三代小老闆的郭自盛，開店做生意並未好高騖遠，整修店面非一次到位，第一年僅是陽春地整理店面，第二年確認搬到店面生意並未流失後，才開始逐步裝潢設計，漆上元氣十足的紅色牆面、放上液晶電視等設備。

硬體設備

從阿公時期，完全以手工熬煮黑砂糖，到父親郭炳南自行繪圖設計，請廠商製作攪拌機、馬達、鍋爐三合一的設備，郭自盛說，現在廚房裡的機器都有十多年的歷史，當初六、七萬的造價跑不掉，如果以今日高漲的白鐵價格來看，可能更高。

其他的設備則相對簡單，包括刨冰機；煮芋圓、紅豆等材料的鍋子；以及將粉粿等材料放涼的鐵架，器材簡單，困難的是製作過程的學問。

人手

冬天裡，除了郭自盛與郭媽媽外，早上和下午還各請了一人幫忙；如果是在夏天，人手需求就極為可觀，除了親友全員出動外，還得請上七、八名工讀生。廚房裡需要二到三人，馬不停蹄地製做黑糖、熬煮粉粿、芋圓等食材，店內

更是排排站滿七、八人，分工細膩，有的負責點餐、有的負責製冰、有的負責舀料，還有負責收錢找錢。

食材特色

　　完全以手工製作的黑糖粉粿，如果凍般半透明地呈現黑糖的顏色，外表晶瑩剔透，口感Q軟中帶有淡淡的甜味。郭自盛推薦，夏天時，剛起煮好鍋的粉粿一淋上刨冰所形成的特殊口感嚼勁，非常值得一試。

　　刨冰特別細緻，最大的特色在於獨特香氣的黑砂糖水，黑糖甜中帶甘，不會過膩，讓這碗冰即使不加料也好吃。

 人氣項目

至於刨冰的選料，不管是彈牙的粉圓、退火的仙草、綿密香甜的大紅豆、QQ的自製米苔目……各種配料可說各有擁護者，如果非要選個人氣項目，最夯的還是首推黑糖粉粿。

老闆更大方地提供免費加冰加糖服務，果真有饕客把刨冰當正餐吃，還朗誦著老闆的名言「糖不夠、冰不夠、再來加、吃夠再回家」，老闆的大方與熱情待客，也形成另一種口碑宣傳。

客層調查

建中師生當然是主要客層之一，中午休息時間可以看到外套反穿的學生成群結隊的來此吃冰（外套反穿的原因是教官也來這裡吃冰），另外，也常有畢業多年的建中校友帶著孩子來吃冰。曾經有建中畢業的僑生，回到台灣後第一件事就是來吃碗想念的黑糖刨冰。

附近的家庭、上班族，還有許多專程遠道而來解饞的社會人士也不少，甚至還有來自日本的客人（還留下牆上的塗鴉），連老闆都搞不清楚外國人是怎麼找到的巷弄間的刨冰店。

成本控制

關於成本，「其實很難控制」郭自盛說，像2008年原物料價格大幅飆漲，地瓜粉從一包三百元漲到一包七百元；糖也從一包六十五元漲到八、九十元，但他又不能為了省錢換成品質較差的原料，只能用老店的經驗和大量進貨來控制價格。

此外，郭自盛也勤跑工業區的大盤、小盤批發商，「多多了解各家的品質和價錢」、「有時大盤商給的價格未必便宜」，他不以父母的經驗自恃，反而花時間探訪不同的供應商，以確保在價格起伏大的時代，能取得品質與價格兼顧的材料。

 來計畫

　　許多人詢問過加盟的可能性，甚至建議郭自盛到泰國、越南、美國去開連鎖店；但郭自盛真正想經營的不是連鎖體系事業，而是成為地標性的商家，像是高雄西子灣的阿婆冰，或是永康街的鼎泰豐；更重要的是，他認為自己才全權接手家族生意兩年，還需要更多得時間摸索和磨練，才能找更明確的方向。

 據大公開

創業資本	不可考	
坪　　數	20坪	
人　　手	3～10人	
座 位 數	25～30個	
月 租 金	3萬3千元	
產品利潤	約5成	
每日來客數	200～1,000人	視季節不同而異
每日營業額	7,000～30,000	
每月營業額	25萬～90萬	
每月進貨成本	7～20萬	
每月淨賺	10～50萬	不含人手費用

·**黑砂糖刨冰／40元**
獨特香氣的黑砂糖水，甜中帶
甘，不會過膩，讓冰即使不加
料也好吃。

·**燒仙草／40元**

·**紅豆湯／40元**
黑砂糖刨冰全年賣，冬天
則加賣紅豆湯與燒仙草。

☕ **老**闆給新手的話

　　郭自盛相信，經營的關鍵還是在品質。因為冰店
的門檻低，在建中黑砂糖刨冰帶起黑砂糖旋風後，曾
經有各種黑砂糖連鎖店一家又一家的開，郭自盛也曾

經擔心過。

可是後來他去吃過幾家比較有名的店家後，就放下心來，因為「品質根本沒得比」。他直言，有些店的粉粿，為了讓它好看，吃起來就是加了其他人工調味，這些客戶都吃得出來，沒有好的品質，就沒辦法長久。

作法大公開

材料

項　目	所需份量	價　格	備　註
黑砂糖	適　量	22元/台斤	製作黑砂糖水，需熬煮三～四個小時
特砂糖		18元/台斤	
二砂糖		18元/台斤	
冰　糖		20元/台斤	
地瓜粉	半　斤	60元/台斤	製作粉粿
黑砂糖	適　量	22元/台斤	
冰品備料	米苔目、大紅豆、芋圓、粉圓、綠豆、薏仁、仙草、愛玉、湯圓	時　價	

 步驟

步驟一、製作黑糖糖水

黑砂糖、特砂糖、二砂糖、冰糖和祖傳秘方熬煮三～四個小時。

步驟二、製作黑糖粉粿

地瓜粉加水（比例一比一）混合，以濾網過濾後用水煮開，加入黑糖；放涼後切割成小塊。

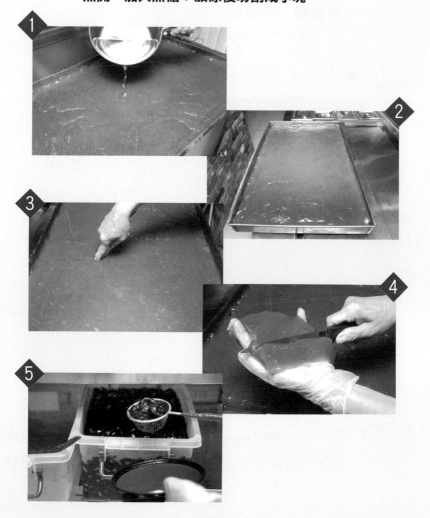

步驟三、其他備料

大紅豆須於前一天泡水各式材料分鍋煮軟後，悶上三到十分鐘不等。

獨家撇步

視各種材料大小，煮軟後悶的時間不同，以粉圓為例，需悶上十分鐘。有此步驟，材料的中心點才會熟透，口感才具有Q度及彈性。

外帶冰小秘訣

1、店家貼心將冰和料分開放，一碗一袋冰，遠距離的
　客人不用擔心冰會融化；但不要去壓冰，否則冰緊
　密了就像硬冰塊而失去綿綿口感。
2、外帶冰會多給，建議不要一次全放，可先放一半看
　看甜度是否合適再加。

 ## 在家DIY技巧

1、黑糖粉粿製作

市面上粉粿常含其他添加物，自行製作不難也更健
康。將地瓜粉先加在冷開水中攪拌，並過濾雜質。在
煮開過程中須持續攪拌，並加入黑糖，直到粉粿出現Q
度，即可放入盤中或其他耐熱容器中冷卻。

2、刨冰配料

不論是紅豆、粉圓，煮滾後記得悶上五到十分鐘，使
口感更具有Q度及彈性。

美味評價 ★★★★
特色評價 ★★★★
價位評價 ★★★★
服務評價 ★★★
地點評價 ★★★
衛生評價 ★★★★
人氣評價 ★★★★
總 評 價

士林夜市

日式
手工麻糬

老　　闆	持地英治、劉淑貞
店　　齡	5年
地　　址	台北市基河路60號，士林臨時市場第12攤
電　　話	0953-630633
營業時間	17:00～23:00
公 休 日	不一定

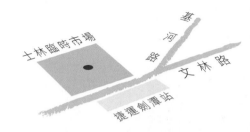

現場描述

　　麻糬是日本常見的小點心，連搗麻糬都是日本重要的傳統習俗之一，也是日本新春過年的例行活動，相傳麻糬在祭拜神明後吃下可保佑身體健康，有點類似中國做年糕的習俗。手工製的日式麻糬，香軟、細滑又有彈性，吃起來就像是牙齒與糯米之間的角力。

　　在人聲鼎沸的士林夜市裡，有個小攤竟也能吃到

道地的日式麻糬。位於士林臨時市場的盡頭，有別於其他區域的嘈雜，竹簾、燈籠、日式插畫及老闆もちぢさん，自成一塊深具日本風情的小天地，走進這片天地，彷彿心情也可以沉靜下來，不知道是香甜麻糬的作用，還是老闆娘親切微笑的效果。

　　這間乍看不起眼的小店，名為「12麻糬餅屋」。店內烤麻糬共八種口味，每一種都50元。店內的麻糬都是純手工製成，現烤現淋醬料，而親切的老闆娘始終帶著微笑，不僅免費提供玄米熱茶，也為每位客人詳細介紹各種口味。

話說從頭

　　麻糬餅屋的日籍老闆持地英治，原本是日本中央大學法律系畢業的高材生，在日本律師事務所工作一路升任至部長，卻因為一個念頭的轉換，寧願放下年薪千萬日幣卻沒日沒夜的法務工作，決定造訪嫁到台

灣的姊姊。沒想到這個決定，不但讓持地英治從此轉換跑道，也因此遇到人生的伴侶—老闆娘劉淑貞。

劉淑貞在認識持地英治前，則是在和果子專賣店工作，兩人因為持地擔任茶道教授的姊姊居中牽線，促成這段異國姻緣。但異國婚姻並不如一般人想像中浪漫，一開始不但語言不通，年齡相差十多歲，連持地剛到台灣選擇的事業—經營貿易公司，也極不順利。景氣每況愈下，貿易公司連連虧損，只好忍痛結束營業，在二〇〇四年決定轉業經營烤麻糬小攤。

 心路歷程

老闆娘劉淑貞半開玩笑地說，因為「持地」（もちぢ）就是日文的麻糬（もち），簡直就是註

定要做這一行的啊！也許真是命中註定，持地英治在日本求學時，高中、大學都在烤麻糬店打工，還曾經在米店工作過，對於麻糬從原料到製作過程皆十分熟悉。而在和果子專賣店工作多年的劉淑貞，也對麻糬多有涉獵，夫妻兩人就決定從最熟悉的產品出發，希望將日式道地平民小吃在台灣發揚光大。

不論是在店內裝潢、環境設備、食材要求上，持地英治都有著大和民族注重細節，甚至可以說是龜毛的性格，多數材料由日本進口，包括醬料、搭配麻糬的玄米茶，連裝潢的燈籠都是自日本空運，小小的攤子創業成本卻高達十幾萬。

但不惜成本的投資，一開始並未得到回報，頭幾個月一天常只賣出一份麻糬，完全入不敷出。回顧那段期間，老闆娘眼底似乎還泛著淚光，「要不是先生的堅持，和一

群熱心客人幫忙宣傳,那時真想收起來。」來吃過的網友在部落格、論壇、BBS上紛紛發表美味見證,就這樣舊客帶新客,老闆娘也阿莎力地端出各種口味,招待試吃,不論是水煮的白玉麻糬和經過香烘的烤麻糬,沾上北海道黃鶯粉或京都的大黑豆黃粉,清雅中有微微甜味;嗜吃甜食者,則可嘗試黑糖或蜜紅豆口味。想吃鹹的,則可點烤麻糬沾鮮奶起司或日風醬油。還有一種混搭風味,店裡的花生和黑芝麻並不是甜的,因為兩種口味都加入味噌,吃起來甜中帶鹹,入口後鹹甜回甘。

就這樣,處處堅持小細節的持地英治,加上服務周到誠懇的劉淑貞,讓這間小攤人氣不斷累積,為自己也為客人帶來幸福的滋味。

士林夜市
日式手工麻糬

命名由來

　　沒有刻意想取個與眾不同的店名，只因著在士林夜市臨時市場的位置變化，從攤位145移至攤位12，名片上的店名也就從145麻糬餅屋，改成12麻糬餅屋。

經營狀況

地點選擇

　　夫妻倆住在蘆洲，決定要開店時，原本想就近找店面，但台北房租實在太過昂貴，「光是找店面就耗時1個多月」。為兼顧人潮和租金成本，找到離蘆洲不算太遠的士林夜市，正好看到出租紅紙，於是就在臨時市場攤位145落腳。

但因為現烤麻糬需要時間，客人一多就大排長龍，後來搬遷到臨時市場的最末端12號，還租下二個位置，只為提供更舒適的用餐環境。

店面租金

士林夜市臨時市場每個單位月租金要一萬元，為了讓客人用餐空間更舒適，老闆特地租下二個單位，再加上攤位上的水電雜支等開銷，店面租金每個月要三萬多元。

硬體設備

在開業前，持地英治特地回日本待了一個月，除了考察日本各式烤麻糬的店，還帶回輔助搗麻糬的機器。老闆娘解釋，傳統手工搗麻糬至少得有兩個人，一個打麻糬，一個調整糯米糰，而

輔助機器就是取代　打的人工，讓老闆更能專注在調整糯米糰的水份、Q度。

椿

　　與一般小吃攤不同的是，持地英治還花了一筆費用裝潢整治環境，用竹簾、燈籠裝潢店面營造和風，手工燈籠還是特地從日本帶回來的，每個燈籠要台幣1000多元。至於其他基本的硬體設備包括烤箱、冰箱、加熱器等，皆在環河南路購買，烤箱設備約五六千元。

 人手

　　由於食材都由日本進口，成本高利潤薄，大多時間都由夫妻倆打理大小事，不過在忙碌的假日，劉淑貞會加請一位兼差人手。

食材特色

　　持地英治每天晚上洗米、泡米，隔天準時9點手工製作麻糬，原料選用「西螺黑珍珠」糯米，全程不加水或其

他調味料，所有麻糬堅持當日手工製作，就算是原味，也有著淡淡米香、咀嚼後口感彈牙還有著淡淡的甜味。烤過後淋上日風醬油、赤糖、黑芝麻、黃鶯粉，各有不同風味。

　　除了手工製作，「實在」，也是麻糬餅屋的一大特色。店內所用的原料，幾乎都是使用和果子所搭配的調味粉，有些價味甚高，甚至連日本和果子也不常使用。像是黑豆黃粉口味，就是使用日本京都的優良品種，曾有日本觀光客來逛士林夜市，瞧見菜單黑豆麻糬的品項，用日語交談認為一定不是真貨，讓持地英治還追出去吵架，認為這兩個傢伙沒吃過豈可任意詆毀。

會挺身而出捍衛店內的產品的價值，但也不會浮誇其詞，比方說店內的是「赤糖」口味其實就是台灣俗稱的黑糖口味，但老闆堅持用菜單上「赤糖」，因為用的是日本赤糖，而非沖繩黑糖，不可讓人混淆。

 人氣項目

想從店內八種麻糬中硬挑出人氣招牌，實在難以抉擇，幾乎是青菜蘿蔔各有所好。

QQ嫩嫩的麻糬，配上甜香濃的蜜紅豆，是甜品中的極致；乍看外頭常見的黑芝麻或花生口味，卻因為加入了味噌，不但擁有顆粒狀的口感，鹹甜之間別有一番風味，老闆娘說，她可是整顆花生搗碎加入味增的！

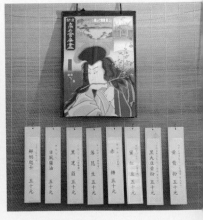

台灣較少見的則屬黃鶯粉口味、黑豆黃粉口味。黃鶯粉是用進口日本北海道青大豆製成的，嚐起來有點接近抹茶的味道，又有點淡淡的甜味和大豆香味；黑豆黃粉則有點像台灣麵茶，也有不少人喜歡它獨特的口感。

客層調查

　　年輕人、大學生為主要客層，幾乎佔了五成，除了來嚐鮮的客人，更多是從網路上慕名而來。尤其在台大批踢踢美食版上，可說是爆紅店家，老闆娘也時時帶著感謝，還說有時假日人較多，會有招待不周之處，希望大家見諒。

成本控制

　　老闆娘作生意，其實比較像在做「奇摩子」（心

情），不計成本。不只提供給新客試吃不同口味，老闆娘也習慣照顧老客人，常常提供招待；加上可不斷續杯的玄米茶，成本光用想的就令人乍舌。加上所有食材皆由日本進口，常常一次去日本採購食材，就把一個月的盈餘花光，不過老闆娘認為只要兩個人生活起居夠用、賺得錢足夠每隔幾個月能回日本探親加採買原料，就是開店最大的快樂，賺大錢是其次。

📟 未來計畫

劉淑貞和持地英治最大的願望是可以開一家日式烤麻糬的店面。愛乾淨的持地英治連清洗碗盤，都要重複二次才算完成；醬料用畢隨手蓋上、料理檯也保持乾燥，隨時用手邊乾淨的衛生紙擦拭，但即使自己再努力維持，市場內仍常有蟑螂老鼠攪局，老闆也一直對士林夜市環境不甚滿意，希望有朝一日能尋覓適合的店面，給顧客一個好的用餐環境。

㊙ 數據大公開

創業資本	15萬元	
坪　　數	約2坪	
人　　手	夫妻2人	
座 位 數	12個	
月 租 金	3萬元	
產品利潤	3～4成	約略推估
每日來客數	100人	約略推估
每日營業額	6,000元	約略推估
每月營業額	19萬元	約略推估
每月進貨成本	4～5萬元	約略推估
每月淨賺	10萬元	不含人手費用

· 蜜紅豆／50元

· **落花生／50元**

　加入了味噌的花生，不但擁有顆粒狀的口感，鹹甜間別有一番風味。

・鮮奶起士／50元

・黃鶯粉／50元
少見的黃鶯粉口味是北海道青
大豆製成的，嚐起來接近抹
茶，又有點淡淡的甜味和大豆
香味。

☕ **老**闆給新手的話

　　老闆娘說，作小吃真的很辛苦，有的
時候忙起來，她和老闆一天只吃一餐；而
遭逢景氣不好時，生意更是不穩定。老闆
娘謙虛的說，會開始小吃生意，單純是夫
妻倆年紀都不小了，在外頭找工作也不容
易。但如果真要開始這一行，真的要能吃
苦，再者用料實在、服務周到，客人自然
會上門。

作法大公開

材料

項　目	所需份量	價　格	備　註
西螺糯米	300g	30元/台斤	
日本進口調味粉	適量	價格不一定	北海道進口

步驟

步驟一

西螺黑珍珠糯米浸泡12小時，將米蒸熟後搗成麻糬。

步驟二

放涼後手工切塊。

步驟三

烘烤數分鐘後淋上醬汁。

独 **獨**家撇步

烘烤過程中灑水可讓麻糬均勻受熱,避免焦黑。

 **在**家DIY技巧

持地英治製作之麻糬完全以糯米製成,不加水或其他添加物;如自製麻糬為求簡便,可購買糯米粉約300公克,加入150～200公克水,攪拌均勻後蒸熟。並可自由添加喜歡的醬汁或沾粉,做成台式口味,例如花生粉、紅豆等。

✏ Note

良友藥燉排骨

延三夜市

美味評價 ★★★★
特色評價 ★★★
價位評價 ★★★★★
服務評價 ★★★★
地點評價 ★★★★
衛生評價 ★★★★
人氣評價 ★★★★
總 評 價 ★★★★

老　　闆	陳聰敏
店　　齡	22年
地　　址	台北市延平北路三段61號之4
電　　話	無
營業時間	16：00～02：00
公休日	月休一天，日期不固定

現場描述

　　台北市夜市中，延三夜市（橋頭夜市）遠不如士林夜市、饒河街或通化夜市等有名，攤販店家數量也不及上述夜市，連停車說起來都不太方便，但在這短短一段路上，卻匯集不少實惠的美味小吃，讓許多饕客願意遠道而來。其中，良友藥燉排骨更屬其中的人氣店家，從路邊小攤發展成店面，一走進店內，藥膳湯頭清香就撲鼻而來，在冷颼颼的冬日裡喝上一碗份量十足的排骨湯，甘甜濃香，最是溫暖。

話說從頭

　　良友藥燉已有二十二年歷史，回想當初開店經過，老闆陳聰敏說，「只是想要有個工作做」。當時當完兵，也陸續打過幾份工，但一直沒有穩定的工作，甚至某段時間完全找不到工作。後來經朋友介紹，在松山區有個專賣枸杞土虱的師傅願意收徒弟，陳聰敏便在師傅的攤子上一邊幫忙，一邊觀察學習。

　　然而，雖名為拜師學習，但陳聰敏大部分的時間只負責洗碗、端盤，在攤子上幫忙數個月後，陳聰敏除了用心觀察，也主動請教。

☕ 心路歷程

　　幾個月後，陳聰敏就「勇敢」出師，開起了自己的路邊小攤，除了賣所學的枸杞土虱，還兼賣藥燉排骨。陳聰敏形容當時的自己「憨憨的」，開店之後才發現，師傅雖有指

點作法，但關鍵之處畢竟有所保留，開業後才發現問題多多。頭半年，幾乎沒有生意，「一整天下來，連工錢都賺不到。」

又過了幾個月，可以說是運氣，也可以說是緣分，一位來自台南的中醫師北上公出，正好到陳聰敏攤子用餐，吃了幾口忍不住問陳聰敏的藥方和作法，然後直搖頭地告訴他錯了。陳聰敏也虛心請教，兩人聊得投緣，這位中醫師寫下傳統古法食補藥膳的配方和比例，其中包括當歸、黃耆、杜仲、川芎

等八種中藥材,並告訴陳聰敏熬煮的方法。根據中醫師的說法,這帖藥膳排骨的配方,不僅對成人來說可以補元氣,也可作為孩子成長時期,轉骨提供鈣質的來源。

從此陳聰敏的生意大為好轉,來吃過的客人互相介紹,迅速建立起口碑,也成為地方上的特色,後起的模仿者不斷冒出,興盛的時候前後數十公尺就開了四、五間藥膳排骨攤。

而客人越來越多,有人不斷向老闆反映只有兩樣補湯不夠,陳聰敏從善如流陸續增加魯肉飯、燙青菜、白菜、筍絲、豆包等小菜。而良友藥燉除了湯頭口味柔順甘甜,另一大吸引力是價格實惠,份量十足的藥燉排骨,再加點個滷肉飯和小菜,百元有找,就能吃得飽飽,難怪不少老饕一吃就是十幾年主顧!

名由來

　　陳聰敏說，一開始的攤子是完全沒有招牌的，開店以來，也從沒特別想要取什麼名字。不過在作出口碑，競爭者四起後，開始有客人抱怨「吃錯攤」，為了與其他攤作區隔，才開始想名字。「也實在想不出來，看隔壁店家叫良美，就想說叫『良友』好了」，「因為開這小店，希望和大家良心做朋友。」沒有算筆畫、不算響亮，也沒有了不起的特殊意義，良友藥

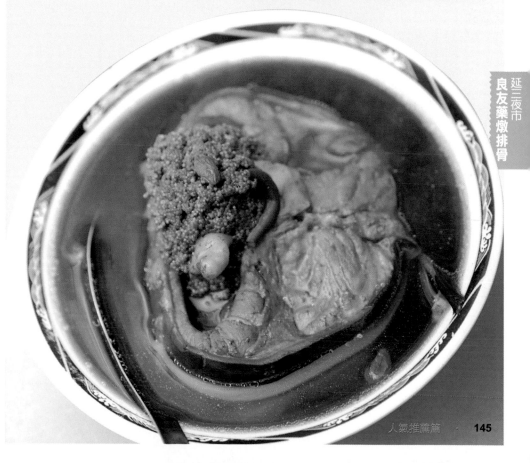

人氣推薦篇　　**145**

膳生意仍然絡繹不絕,老闆相信,路邊攤的小生意最重要的還是無可取代的口味。

 經營狀況

 **地**點選擇

因為從小就住附近延平北路三段上,決定做生意以來,陳聰敏從未考慮其他地區,「不熟悉的地方,人潮再多也未必找得到位置。」就在自己最熟悉的地段從推車做起,累積資金後亦在附近尋找合適的店面。

 **店**面租金

雖然這兩年不景氣,但店面租金仍然居高不下,陳聰敏說,租金從原本每月五

萬元還調高了二千元，在物價齊漲的情況下，即使如良友這樣的口碑老店，也只能靠薄利多銷經營。

硬體設備

即使有了店面，烹調設備仍然沿用過去攤車的型式，「創業的第一台攤車用了十八年。」陳聰敏建議，生財器具還是用訂作的最堅固合用，他認為，二手的設備通常不符合所需規格，材質也不好，以他的第一台攤車為例，不過才花了三萬多元，「如果想要長久經營，就值得投資。」

人手

從最初的一人小店，一天得工作十七、八個小時，到現在有太太幫手，另外還加請一位店員，而陳聰敏只需要在家中負責熬煮藥湯，只在晚餐較忙碌的時段來幫忙，店內可說光靠老闆娘就撐起大局。

食材特色

　　獨家藥材當然是良友的最大特色，清甜的湯頭多喝也不渴不燥，店裡的客人多半都會把湯喝個精光，然後再跟老闆要求續個半碗。藥膳排骨的湯頭能補元氣、增鈣質；枸杞土虱的湯頭則能去寒，且土虱富含膠質又沒有膽固醇，老闆陳聰敏總結地說明自家食材特色，「湯頭甘甜香、肉質好」，而這湯頭得熬上三、四個小時，除了配方對、廚藝精外，還得有耐心才成。

　　老闆有自信地說，他每日都是遵循古法，中藥清燉，每日來湯頭的品質都是一致的好；加上藥方溫和滋補，不論什麼季節，都非常適合來上一碗。

人氣項目

　　要選店內人氣項目，藥燉排骨和枸杞土虱可說是分庭抗禮，二種品項價格相當，每份皆是五十五元。份量十足的藥膳排骨不像一般店家排骨只啃得到骨頭，老闆精選排頭，還挺多肉的；可選擇搭配老闆自製的豆瓣醬或生辣椒，沾上一點就非常夠味。

　　而土虱口味層次豐富，土虱頭含豐富膠質，中段魚肉最多，而尾部肉質口感較為細緻，每個客人可依個人喜好向老闆挑選愛吃的部位。

 客層調查

　　可能因為食補藥膳的觀念，良友看得到的客人，似乎以年紀稍大的客層為主；多數客人老闆都能親切的噓寒問暖幾句，因為幾乎都是一吃十多年的老主顧。陳聰敏說，有時也有外地來的客人，像是中壢、基隆，還有客人外帶一買就是幾十碗。

 成本控制

　　開店二十多年，只漲過一次，陳聰敏說，「就賭一賭，想說物價一定會降」，否則計較一時的成本漲價，等物價回穩時，客人都跑掉了。

　　其實，陳聰敏陸續投下的成本不低，除了基本生財設備，

他還花了七十萬元購買攤販營業執照。問老闆是否計算過多久回本,陳聰敏説,「還真沒算過,但小吃攤只要有生意,能賠到哪兒去!」直到現在,良友的魯肉飯一碗只要二十元,幾乎是台北市看不到的價格,可説是物美價廉,靠的是薄利多銷。

未來計畫

雖然有許多人詢問,但老闆並不打算開分店、加盟或收徒傳授,甚至計畫「再開幾年就收起來」,原來陳聰敏這幾年已改吃素,基本上這些年店內都主要交給老闆娘打理,未來也會傾向年紀大了就多多休息。

 ## 數據大公開

創業資本	10萬元	
坪　　數	20坪	
人　　手	3人	
座 位 數	35個	
月 租 金	5.5萬元	
產品利潤	約4成	
每日來客數	150人	約略推估
每日營業額	1.2萬元	約略推估
每月營業額	40萬元	約略推估
每月進貨成本	10萬元	約略推估
每月淨賺	10萬元	不含人手費用

· 藥燉排骨／50元
排骨補元氣、湯頭增鈣質，搭配老闆
自製的豆瓣醬或生辣椒，非常夠味。

· 枸杞土虱／50元
魚肉細緻，含豐富膠質，
不論什麼季節，都非常適
合來上一碗。

☕ 老闆給新手的話

　　談起給後進的建議，老闆自謙，「做生意沒有前輩，只有親力親為。」他認為，開店要有耐心和信心。耐心，是因為生意通常不會一開始就好，要有耐心建立起口碑與經驗；而信心是指要有自己的主張，陳聰敏說，十個客人有九種不同意見，賣吃的總是要建立自己的獨家口味，而不是左右搖擺地調整。

延三夜市
良友藥燉排骨

作法大公開

材料（2～3人份的材料量）

項　目	所需份量	價　格
豬肋排	半斤	90元/台斤
土虱	一尾	50元/台斤
藥　材	如當歸、川芎、黃耆等藥材，店家秘方	時　價

 步驟

藥燉排骨

步驟一、清燙排骨，清除雜質。

步驟二、當歸、黃耆、杜仲、川芎等八種中藥材，熬煮成藥湯約三小時。

步驟三、排骨加入藥湯中煮滾後,轉小火慢燉約二十分鐘。

當歸土虱

步驟一、 以滾水燙過土虱,去除表面滑液。

步驟二、 老薑、當歸、枸杞等數種中藥材熬煮藥湯。

步驟三、 土虱加入藥湯中煮滾後,轉小火慢燉約二十
分鐘。

獨家撇步

挑選專業養殖場出產的土虱，土味才不會過重；但一般人較難分辨，得靠與市場小販的交情。

 在家DIY技巧

1、可依家人進補需求，到中藥房請中醫師調配所需的中藥材。

2、藥材可先用冷水稍作沖洗後，熬煮藥湯一到二小時，再將川燙過的排骨加入，轉小火燜煮約二十分鐘。

3、再家DIY亦可以用電鍋替代，減去時時須留意火候的麻煩，沖洗過藥材和川燙過排骨，一起放入電鍋加水七分滿，啟動後約煮一小時即可完成。

🖊 Note

劉芋仔 寧夏夜市
蛋黃芋餅

美味評價 ★★★★
特色評價 ★★★★☆
價位評價 ★★★★
服務評價 ★★★★
地點評價 ★★★★
衛生評價 ★★★★★
人氣評價 ★★★★★
總 評 價 ★★★★

老　　闆	第二代，劉美秀三兄妹
店　　齡	40年
地　　址	台北市寧夏路34號前
電　　話	0920-091595
營業時間	17:00～1:00
公 休 日	無固定公休，下大雨時無法開業

現場描述

　　炸芋丸在傳統市場裡算是常見的小點心，不過一般常見的炸芋丸通常會裹上一層麵粉，但劉芋仔的芋丸、芋餅卻完全不用麵粉，當紙袋裝著剛起鍋的芋丸，還沒咬下，就有股芋頭的清香撲鼻而來。

　　初訪這家小攤時，則很難不被擺在攤位前一顆顆

黃澄澄的蛋黃所吸引，在燈光照映下，頗有大珠小珠落玉盤的美感，也算是少數懂得用「櫥窗行銷」的路邊攤。

用料實在、口味在傳統中創新，讓這家只賣香酥芋丸、蛋黃芋餅二樣產品的小店人潮始終絡繹不絕。

話說從頭

四十年的老店，現已由第二代接手，所謂「兄妹齊心，其力斷金」，在完全沒請外來人手的情況下，由兄妹三人合力經營，即使採訪當天是周四平常日，排隊的人潮卻完全沒斷過，假日時更常排到數十公尺外。由於是現包現炸，老闆劉美秀建議，如果買的數量較多，最好提早打電話預訂。

☕ 心路歷程

　　最早「劉芋仔」是落腳在林森北路上，小妹劉美秀説，生意雖然不錯，但老是得跑給警察追，一天免不了收到二、三張取締罰單，爸媽覺得再怎麼賺也吃不消，沒多久後來就轉戰寧夏夜市。

　　劉美秀老練地招呼每位客人，每位客人她都稱呼為「老闆！老闆娘！」但其實是七年級生的她，臉上還有幾絲未脱的稚氣。不過

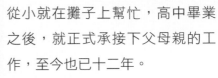

從小就在攤子上幫忙，高中畢業之後，就正式承接下父母親的工作，至今也已十二年。

劉美秀回憶，小時後假日得到攤位幫忙，別人放假她卻只能眼睜睜看著同學出去玩；一度也曾經嚮往過不同的生活，「不過後來還是認清事實」，畢竟父母傳下來的小攤有著穩定紮實的口碑基礎、原料設備和製作方法也都有成熟一貫化的know-how，縱使工作時間長，但收入比起外頭的工作要好得多。

傳統老店的確在很多方面都占了優勢，比方說食材原料來源。劉美秀說，她們所用的芋頭都是來自高雄甲仙品質最優良的芋頭，即使去年颱風頻仍、前年冬天特別冷等各種天候不佳因素，劉芋仔總是能拿到品質最好

的芋頭，正是因為兩代長達四十年的交情，甲仙的農家總是會把好的芋頭挑出來，特別留給劉家。

除此之外，「家有一老，如有一寶」，經驗也是劉芋仔每位的關鍵，像是油炸的過程，油溫高一點會讓芋丸黑掉、油溫低一點則口感會鬆掉，完全得靠長年經驗累積的眼力和手感。即使劉媽媽年紀大

了，已交棒十多年，不時還是會到攤位上巡視、提醒，就是希望炸出的芋丸芋餅能維持一貫的水準。

所以，即使芋頭去年的價格，從原本一斤不到二十元的價格，一路漲到一斤五十元，再削皮清洗的時候，只要發現芋頭有壞掉、碰壞的情形，一定得削掉，不計成本也得維持品質。

☕ 命名由來

「老芋仔」本來常被拿來稱呼外省老兵，不過現在早已「芋仔蕃薯」分不清楚啦！談起招牌，劉美秀說「我們家姓劉，本來叫做劉記，後來爸爸年紀大了，就乾脆改名『劉芋仔』。」好記、響亮的名稱，不時也讓客人會心一笑。

經營狀況

地點選擇

　　擁有六十多年歷史的寧夏夜市雖然不長，只占了半條馬路，但美食種類繁多，而且多是傳統老店，可以稱得上是「地雷攤」最少的夜市。從林森北路搬到這兒，一來也是地緣關係，與過去擺攤之處相距不算太遠，一些老客人也會循線跟到這兒，再加上寧夏夜市既有的客層，也讓劉芋仔的生意更加穩定。

寧夏夜市
劉芋仔蛋黃芋餅

店面租金

劉美秀說,從創業以來,一直都以路邊攤的形式
作生意,所以省下大筆的店面租金,只需要繳交清潔
費用即可。

硬體設備

最初使用的餐車當時的價格已經不可考,根據美
秀的說法,現在使用的攤車,並沒有特別訂製,在一

般器材行都買得到，不過因為近期白鐵的價格上揚，新添購的攤車加上數個餐盤，總共要價十五萬。

 人手

雖然在攤位上總共就兄妹三人，二人現揉芋糰、包餡，一人則負責油炸兼招呼客人。不過還得計入繁重的前置準備工作，那可又是另一組人馬，每天得處理四十斤以上的芋頭，從人工削皮、清洗、到花兩、三個小時蒸炊，然後搗碎、放涼；早上八點多就得開始準備，則由劉媽媽和劉美秀另一位姐姐共同進行，從前置工作到開店、打烊，共計五位人手。

食材特色

採用高雄甲仙的芋頭，而且以手工削皮，一旦發現有壞掉的部分，一定捨棄不用，避

免影響口味。食材好,自然好吃,老闆說,劉芋仔的產品最是天然,「生的是什麼顏色,熟的就是什麼顏色。」

人氣項目

只賣兩種產品,香酥芋丸每個十五元,蛋黃芋餅則一個二十元,若問哪個比較受歡迎,芋丸和芋餅人氣可說是不分軒輊,各有擁護者。愛吃香酥芋丸的人,認為芋丸外型炸得金黃誘人,卻又不油不膩,外皮酥脆內餡飽滿、口感鬆軟綿密,可以飽嚐芋頭的香甜,反而認為芋餅包了蛋黃肉鬆,吃得到的芋頭卻變少了;熱愛蛋黃芋餅的人,則喜歡它豐富多層次的口感,鹹甜搭配的口感更不容易膩,配上由手工炒成的後腿肉肉鬆,有嚼勁的Q度,是外面吃不到的小點心。

客層調查

客層分布的很均勻，從帶著小孩的媽媽、年輕上
班族、到附近的學生，甚至還有來自香
港、日本的外國觀光客。也有不少忠
實客戶，像是有位太太一到攤位就先問
「要等多久？」，顯然是常來排隊的熟
客；最多還有客人一次買五十個。

 ## 成本控制

芋頭的成本起伏深受氣候影響，
劉美秀舉例，二○○八年芋頭最低從一
斤十九元，到一斤五十元都有，漲幅高
達百分之百，成本控制上，只能截長補

短，「食材貴得時候就少賺一點」，但絕對不能因此壞了品質口碑，仍得用品質最好的芋頭。

未來計畫

接下來並無開放加盟的計畫，實在是「好的芋頭原料自己用都有點不夠！」哪能再開放加盟，三兄妹亦無再開分店的計畫，只希望穩穩得顧好現有的生意。

數據大公開

創業資本	不可考	
坪　　數	0坪	
人　　手	5人	含前置工作及顧攤
座 位 數	0個	
月 租 金	0元	
產品利潤	約5成	
每日來客數	200～300人	約略推估
每日營業額	15,000	約略推估
每月營業額	500,000	約略推估
每月進貨成本	8～10萬	約略推估
每月淨賺	20萬	不含人手費用

· 蛋黃芋餅／20元
有肉鬆和蛋黃的多層次豐富口感，
外面很難吃到。

· 香酥芋丸／15元
外型金黃誘人，吃起來不油不膩，
口感也鬆軟綿密。

☕ **老**闆給新手的話

　　小吃其實是一份非常辛苦的工作，要能做的成
功，劉秀美認為，努力維持服務品質是最基本的；但
要能堅持下去，還要有自己的理念。年輕的劉美秀沒
有進一步說明自己的理念，但不論是努力賺錢、或創
造獨特美食，都是新手在經營時遇到困難，要提醒自
己的初衷。

作法大公開

材料（2～3人份的材料量）

項　目	所需份量	價　格	備　註
芋　頭	一　斤	30元/台斤	原物料價格波動大，
黑毛豬後腿肉	50克	90元/台斤	僅供參考
鴨蛋黃	4　個	30元/台斤	

步驟

步驟一　芋頭削皮、洗淨。

步驟二　蒸熟搗碎。

步驟三　放冷。

步驟四　揉成小塊。

步驟五　用冰淇淋匙將芋泥挖成小半球狀。

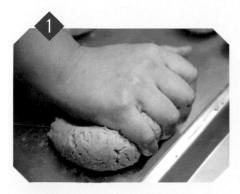

步驟六（芋餅） 包上肉鬆、1/2顆鴨蛋黃。

步驟七 將挖好成形的芋球，或包好的芋餅下鍋油炸。

步驟八　起鍋瀝油。

步驟九　不定時撈油渣，確保油質清澈，避免影響油
**　　　　炸外觀。**

独 獨家撇步

1、食材品質：芋頭選甲仙、肉鬆選黑毛豬後腿肉、蛋
　黃也嚴選來自關渡的鴨蛋黃（主要是多次試驗與肉
　鬆搭配後的鹹度，因為肉鬆也有鹹度，蛋黃加肉鬆
　須避免太鹹）。

2、油溫控制。

 在家DIY技巧

1、芋頭去皮切片，放入電鍋蒸熟後，趁熱壓成泥狀，可加入少許太白粉拌揉，使芋泥Q軟不易散開。揉好芋泥取適當大小，放入加熱約150℃的油鍋，炸至酥脆後撈起瀝乾油即可。

2、如製作芋餅，則將芋泥搓圓後壓扁，包入鹹蛋黃和肉鬆後捏緊、搓圓，再放入油鍋。

＊保存：不論芋餅或芋丸，在室溫下可放一天；放冰箱可保存三天。

＊加熱：建議用烤箱加熱，可維持外皮酥脆；也可以微波爐加熱，但少了酥脆口感。

讚 美味見證

張凱華
台北大學企研所學生

推薦原因：

同學推薦我來的，外面吃不到這種蛋黃芋餅，三層口感，層次分明，每口咬下都有鬆軟的感覺。蛋黃很好吃，很難形容，就好像吃荷包蛋時咬下蛋黃的那種鮮甜感。

 Note

永和樂華夜市

無雙牛肉

美味評價 ★★★★★
特色評價 ★★★★★
價位評價 ★★★
服務評價 ★★★★
地點評價 ★★★★
衛生評價 ★★★★★
人氣評價 ★★★★
總 評 價 ★★★★

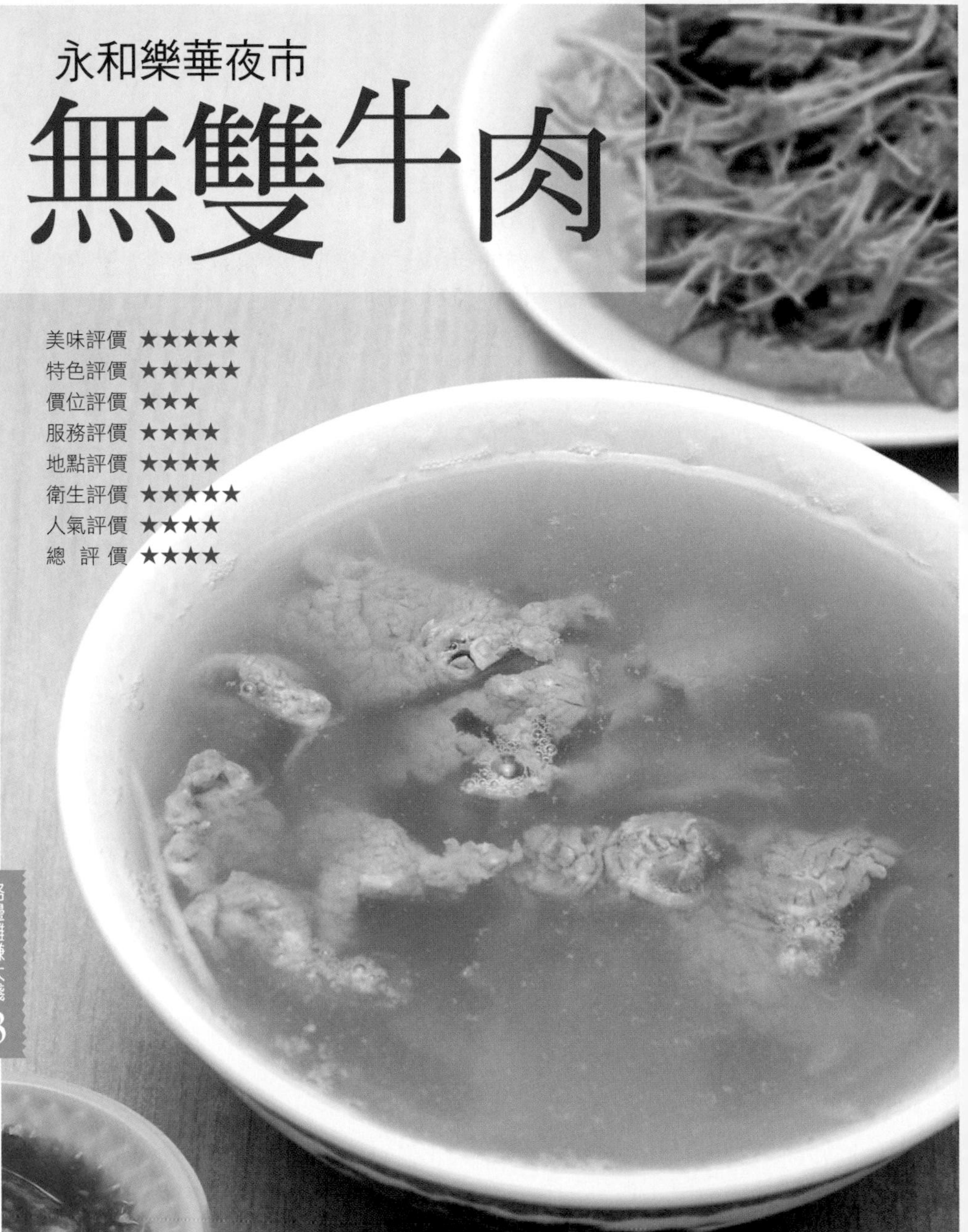

老　　闆	林老闆
店　　齡	16年
地　　址	台北縣永和市永和路一段111巷6弄34號
電　　話	（02）32334664
營業時間	周日～周三18：30-21：00
	周五～周六18：30-24：00
公休日	週四

現場描述

　　在樂華夜市的巷子裡，一間一不留神就會錯過的小店，三十個座位不到，但有個古怪的老闆。店裡的規矩很多：請勿催促、不能單點乾麵青菜、禁帶有刺帶骨外食、第一次來店消費不能外帶。

　　筆者第一次來這兒用餐時，排了一個小時才得以在店裡坐下；坐下後又等了二十分鐘，才吃到第一口乾拌牛筋。聽說連住在附近的人，都未必吃得到，因

為老是排太久。店名號稱無雙牛肉，可是沒有賣牛肉麵，而且只有清燉牛肉片湯；加上用餐規矩之多，可謂全台獨家之店，又是什麼魅力，讓這麼多人甘心排隊等候？

話說從頭

紮著白髮馬尾的老闆，原來是台南人，年輕時在台北、高雄都打過工，但工作時間都不長久；輾轉再回到台北後，開了這家小店，沒想到越來越受歡迎，一開十六年。

老闆充滿原則的性格，其實從年輕時代就可見端倪，他曾受朋友請託，擔任高雄加工廠的採購主管，原本期待要好好整頓公司，但就因為不收「好處」，不到一年就到處樹敵而去職。

☕ 心路歷程

　　自稱是窮人的他，從小因為愛吃，雖然吃不起五星級
大餐，但聽説哪兒有美味小吃，總要找時間去嚐嚐，愛吃
的性格也練就敏鋭的味覺；其中，他特別愛吃牛肉，因此
無師自通開了這家無雙涮牛肉。

　　老闆強調，美食的關鍵是是食物的原味，所以每日親
上市場挑選牛肉，就怕肉質不夠好不夠新鮮。選用的是紐
西蘭小牛的里肌肉條，老闆笑稱，選用小牛的道理是「小
孩不會有狐臭，只會有奶香。」他也不用澳洲或美國牛肉，

「澳洲牛較大,有腥味;美國則未進全牛,沒有我要的部位。」

老闆自豪地說,這樣等級的牛肉,除了五星級飯店,少有商家願意花重本投資。有一陣子生意較差,向肉商拿的量沒那麼大,肉商自作主張竟將貨給了另一家商家,老闆說,「你是想做一日生意,還是想做長久生意?」,果然,對方再也沒向肉商拿這麼高價的肉品。

因為老闆的堅持,頂級食材也逐漸養刁了老主顧的口味,有次平時所用的牛肉不夠,只好暫拿菲力牛肉權充,但客人仍不滿意,即可知平時所用牛肉的等級。

堅持不只在食材上,也表現在店內的規矩。

老闆聊到營業時間時即明講,打烊有三種狀況:時間到了、東西賣完了、老闆不爽了,還在牆上先寫了準時開不準時關。

　　規矩不少，但老闆也的確說出一番道理，禁帶有刺帶骨外食，是因為：油膩不堪必多用面紙，落在地上引來貓犬不好。連老鼠都來挖洞；另外幾條規矩則是他希望客人能真正品嚐牛肉的美味，像是第一次來店消費不能外帶、不能單點乾麵青菜，老闆不愛客人外帶，是因為覺得外帶會使他的牛肉變老過熟；而單點乾麵青菜，豈不入寶山空手而回？麵店何其多，又何必來他這家。

　　雖然規矩多，但其實觀察老闆和客人的互動，是極為誠懇的。像是小朋友來，幾乎都拿得到棒棒糖，老闆會說，

「哇，這麼小就帶來我這兒訓練耐心！」（意指排隊久候）；或是帶著女朋友來的客人，老闆會叮嚀著要愛護對方；客人用餐後讚美牛肉好吃，老闆不忘開玩笑，「怕是等太久餓太久了，什麼都好吃。」

　　最常聽到老闆說的話是抱歉、不好意思，不是為了客人久候而道歉，就是為了東西賣光而不好意思。連總統夫人周美青造訪樂華夜市時，聽說有這攤牛肉想列為造訪據點之一，老闆都委婉拒絕，「我不是臭屁，是怕影響客人用餐。」

　　店內擺設也有特色，愛騎腳踏車的老闆，店內常放置不

同款的骨董腳踏車作擺飾，通常是老闆自己組裝、有二十年、三十年歷史的腳踏車，連老闆蒐集茶壺也擺在櫥窗裡。

有個性，其實也能成為路邊小攤的另一種特色，就像老闆另一條規矩：「請勿催促、年老體弱不耐操，有天本店將成絕響，就沒口福了。」口味確實獨樹一幟，但要有久候的心理準備。

 命名由來

初次聽到這個店名，難免會覺得老闆對自家產品也太有信心，竟自詡天下無雙。老闆解釋，這店名可不是自己取的，一開始只是無名攤位，一位中國時報記者來用餐後說，這兒的料理外頭吃不到，可說是無雙的料理。從此，就掛上這響亮的名號──無雙涮牛肉。

經營狀況

地點選擇

老闆是個隨興的人，常有天馬行空的想法，一開始有開店的念頭，甚至曾想過要去宜蘭頭城開店，後來想想這樣舉家搬遷，未免也太過辛苦，還是就近在台北居住地尋找。

選在樂華夜市巷內，雖然不起眼，反倒適合老闆的風格，經營熟客生意，若不是媒體報導，許多視樂華夜市為廚房的人，還不知有此小店。

店面租金

老闆堅持不願透漏租金，「這種機密的事就不要問了。」其實房租行情也不算太機密，如以附近的租金價位估算，二十坪左右的空間，雖位於巷內，每月租金應在四到五萬元間。

硬體設備

生財器具簡單，和一般麵攤的煮麵檯大同小異，

永和樂華夜市
無雙牛肉

二孔式的餐車，一邊煮麵，另一邊則是熬煮牛筋和涮燙牛肉片之用，全新的白鐵煮麵檯約數萬元。

人手

由於生意越來越好，除了夫婦兩人外，還另外加請二人，煮麵掌勺調味的工作幾乎由老闆包辦，老闆娘則負責招呼客人、結帳，其他二人則協助上菜、清理桌面碗盤等。

食材特色

連自家的特色，老闆都條列式貼在牆上：「無油、清淡、鮮嫩、營養、可口、原味、高鈣、高膠；不用添加劑、不過度料理、身體沒負擔、不發胖、有活力。」

像是招牌涮牛肉片湯以川燙保持原味，調味也只加了鹽和薑絲；連燙青菜都特別清淡，比起外頭店家

常加上的油和肉燥,這邊僅以鹽和蒜蓉調味,嚐起來清爽可口。

人氣項目

人氣項目首推涮牛肉片湯,幾乎每人一碗,前置作業老闆手工將里肌條切薄片,不經任何醃製調味,上桌前燙個五、六秒,淋上熬煮牛筋牛肚的湯頭,上桌時牛肉約八分熟,還帶著些許粉色,清爽不帶油,薑絲配上牛肉片,無論是原味或沾上特製醬料都非常好吃。上桌時,老闆或店內其他服務人員會不斷提醒要先吃肉片,以免過老。

另外值得推薦的還有店家自製的酸梅湯,甘甜甘甜,還帶著冰沙。不論冬夏,都有擁護者一定要來上一杯。

客層調查

能忍受得了老闆眾多規矩的客人其實還不少,各種年齡層皆有,但以年輕人居多,多半是網路口耳相傳,想一探這古怪的個性小店;也有爸媽帶著小朋友全家來吃飯。

成本控制

　　從本店規矩之一「多算是小費，少算是優待」，就可以看出老闆對於成本把關不甚嚴謹。老闆的原則是寧願使用好食材，面對物價漲幅，也只能反映在售價上，

　　老闆還列出了一張「94年的物價漲幅表」貼在牆上，明列這幾年來各項食材的漲幅，像是牛肉漲了28%、牛筋漲了36%、青菜漲了40～200%、店租和人工平均也漲了27%，讓客人知道價錢小漲得合情合理。

未來計畫

　　老闆和老闆娘都有著好手藝，前幾年老闆娘也在永和開了「無雙牛肉外一章——羊肉篇」（店名有夠長），雖然因故收起，但在本店生意穩固後，兩人都不排除再開分店。至於是否有可能收徒弟，老闆笑稱：「拿一間套房來換，就把一身的知識和這家店頂讓給他。」

密 數據大公開

創業資本	不可考	
坪　　數	17坪	
人　　手	4人	
座 位 數	26個	
月 租 金	4〜5萬元	
產品利潤	約3成	
每日來客數	90人	約略推估
每日營業額	1.2萬元	約略推估
每月營業額	40萬元	約略推估
每月進貨成本	8萬	約略推估
每月淨賺	10萬	不含人手費用

・**涮牛肉片湯／90元**
川燙保持原味，只用鹽和薑絲調味，不過度料理，對身體沒負擔。

永和樂華夜市
無雙牛肉

・乾拌牛筋／150元

・乾麵／30元
・燙青菜／40元

老闆有交代，來這裡不能單點乾麵和燙青菜！就是不准你「入寶山空手而回」！

☕ 老闆給新手的話

　　從來沒有看過一個老闆，這麼常向客人介紹別家餐廳，或要客人去別處用餐；老闆說，「看錢滿天飛，自己未必抓得下來。」來太多客人，他也供應不了這麼多產品，他只做能力範圍之事。對於客人或後進，他都以一貫的態度建議，保持瀟灑過生活。

作法大公開

材料（2人份的材料量）

項　目	所需份量	價　格	備　註
紐西蘭里肌牛肉	半　斤	240元/台斤	紐西蘭小牛
牛大骨	一　份	40元/台斤	製作湯頭
薑　絲、鹽	少　許		

步驟

步驟一、**牛肉切片。**

步驟二、**放薑絲、少許鹽。**

步驟三、牛肉清燙約五～六秒。

步驟四、淋上滾燙高湯。

獨家撇步

1、老闆自認肉質是無雙牛肉獲老饕青睞的原因，牛肉
　　皆選自紐西蘭小牛里肌肉。

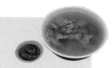

2、涮牛肉片湯或牛筋湯的高湯，都是熬煮牛筋、牛肉
　　所得的高湯，頂級牛肉的精華盡在於此。

 在家DIY技巧

1、挑選牛肉：里肌肉是牛肉的最佳部位，挑選時並須
　　留意牛肉表面光澤均勻，肉質應有彈性，脂肪紋路
　　細緻。
2、保存牛肉：如冷凍後調理，應慢慢的解凍，方能引
　　出最佳味道。
3、切成薄片：才能比照無雙牛肉，以輕涮幾秒起鍋，
　　吃到牛肉原味。

 讚 美味見證

　　盧先生
　　27歲
　　台南當兵中

推薦原因：
三年前第一次來用餐，從此成主
顧，肉非常新鮮，店內規矩也很
特別，每次回台北都會特別介紹
朋友來。

永和樂華夜市
無雙牛肉

美味評價 ★★★★★
特色評價 ★★★★
價位評價 ★★★★
服務評價 ★★★★★
地點評價 ★★★
衛生評價 ★★★★
人氣評價 ★★★★
總　評價 ★★★★

新店寶橋路

溫讚蔥油餅

老　闆	溫增文
店　齡	17年
地　址	台北縣新店市寶橋路233號之1，TOYOTA前面
電　話	0935-253334
營業時間	6:00～21:00
公 休 日	無，除非因颱風或豪雨無法擺攤

現場描述

　　有人說，西方風行的美味比薩，其實是源自中國北方的小點——蔥油餅，由於香味四溢、皮層柔韌，讓馬可波羅在中國嚐過後，回到義大利仍念念不忘，才請廚師仿效作出了比薩。姑且不論這段野史真實性有多高，蔥油餅這個用料簡單的北方小點心，必定有其魅力，才能成為這個故事的主角。

不過，蔥油餅作法大同小異，不少家庭主婦在家中也可自己動手，要真正能脫穎而出就不簡單。在新店寶橋路上川流不息的車潮中，也有一個讓駕駛念念不忘，駐足停留的蔥油餅小攤——「溫讚蔥油餅大王」，雖然是不起眼的改裝貨車，但來來往往的車輛彷彿約定似的，經過這一段路時自然地放慢速度靠邊採買，就好像中式的「得來速」，只不過點餐和取餐都是同一個窗口，但依然免下車就能吃得到美味。

話說從頭

擺攤一擺十七年，招牌店名取得豪氣干雲「蔥油餅大王」，但一開始卻不是太順遂，曾經一天只賣出個位數的蔥油餅，差點兒就想打退堂鼓……

原本和朋友合夥經營外銷貿易公司的溫增文，不過，投資不但沒能回本，公司後來還陷入虧損狀態，溫增文在三十多歲時毅然決然停損，決定退出經營、

另謀出路。但當時已經三十多歲的他,並沒有特別的技術在身,賣過豬肉、送過瓦斯,但都不是長久之道;後來發現工作難找,剛好看到哥哥和堂弟趁著假日擺攤的蔥油餅兼差生意不錯,決定也投入蔥油餅的行列。

☕ 心路歷程

溫增文說,看別人擺攤容易,自己做起來可真不簡單,有正職工作的哥哥當時只選在假日,到自家附近的公園擺攤,生意好的時候一天可以收入上萬元,但沒想到自己全心經營反到沒那麼容易。

一開始他選定輔仁大學附近的

新店寶橋路

溫讚蔥油餅

市場擺攤，想說既有學生客層，又有到市場採買的家庭主婦，應該有一定的基本盤，但沒想到第一天賣不到十張蔥油餅，一連三天狀況都不見好轉，別說人力成本，連食材成本都入不敷出。溫增文回憶，也許是市場裡都是老攤子，對於沒有口碑的新店家，沒幾個人願意嘗試。當時真不知道該怎麼辦才好，幾乎已經在盤算得另找工作了；後來在提早回家的路上，發現新店寶橋路上停著一整排的早餐車，溫增文乾脆停下車，就排在最後一輛，死馬當活馬醫。

沒想到光是那半個早上，就賣出了二、三十張蔥油餅，從此就決定落腳在寶橋路上。

生意雖然在轉移陣地後，稍稍穩固了，但溫增文並未以此滿足。他說，既然要拿蔥油餅作為終身的事業，那就得有所突破。除了在食材上不斷精進，包括精挑南部粉蔥、手工自製特調醬料、灑上生的白芝麻增加香氣等，還思考如何讓涼掉的蔥油餅也好吃。溫增文透露，只是多加了一種很常見的材料，就讓溫讚的蔥油餅即使涼掉後，也能維持鬆脆香酥的口感。

讓蔥油餅逐步「演進」的同時，溫增文也開始交棒給兒子女兒，餐車採兩班制輪班。溫增文說，孩子年輕時都很叛逆，不願接手；不過現在景氣差，外頭的工作不好找，後來紛紛回頭接班。「現在反而捨不得休息，因為錢的誘惑太大」，溫增文半開玩笑地說。

新店寶橋路
溫讚蔥油餅

命名由來

談起溫讚的命名由來，可是一段曲折的故事。因為姓溫，一開始的招牌上只寫個溫字，溫字外頭畫個圈圈；但因同條路上有著另一攤蔥油餅，也是類似的招牌，溫增文希望提高辨識度，一度改成溫記，老闆得意地說，「『記』字右半邊是龍的形狀，而我的溫帶水，象徵龍在水中，有人告訴我這個名字取得好！」

不過溫記還是容易被模仿，對手林記、陳記等紛紛冒出；加上諧音被叫成穩死，溫增文遂思考再改名，想了許久決定取名「溫讚」，「不但筆劃好，諧音又是穩賺。」這回定名後，溫增文不但申請商標，還製作了制服，連紙袋上都有商標LOGO，儼然有企業化經營的架勢。

經營狀況

地點選擇

　　雖然在大馬路上生意不錯，但如果能有間小店面，備料處理等當然會更輕鬆。溫增文也曾經尋找過店面，幾年前曾在靠近景美，約羅斯福路六段上開過店面，說起來店面位置不錯，附近有住家、也有上班族，但生意就是不如在大馬路上小貨車，加上租金水電費，怎麼算都不划算，後來乾脆辛苦些，專心經營餐車。溫增文檢討，也許蔥油餅這類的生意，不需要坐下來吃，未必適合店面，店面反而失去特色與聚集人氣的效果。

店面租金

　　改裝的貨車就開在大馬路旁，雖然無需租金，但時時得接罰單，就在採訪時，貨車車窗上就夾著一張新接的罰單。不過溫增文認為，這樣的餐車機動性極高，像是接到公司學校的大筆訂單，整台貨車就直接開到公司樓下現煎，老闆舉例，例如政治大學新聞系

新店寶橋路
溫讚蔥油餅

蔥油餅　（加蛋）

全張70　全張90

半張35　半張45

一份20　一份25

溫讚

蔥油餅大王

奶綠　綠冬紅豆

豆沙　豆瓜

茶牛奶　沙茶茶漿

20小　大20　小15

25大

系主任連續兩年都花上一、二萬，請學生吃熱騰騰的蔥油餅。

 硬體設備

　　主要的硬體設備都在改裝的貨車上，是由溫增文設計，再找廠商特別改裝製作，貨車的成本約三十萬，加上其它生產設備及改裝成本約十來萬。貨車的底盤需要改裝，加強通風排熱的功能；使用的鋼板特別厚，並設計成三個爐，好加快煎餅的效率，而因為

當初有遠見，使用的是較佳的材質，也讓第一台貨車改裝至今十多年，卻仍然可以使用。

人手

由於溫讚的麵糰加了獨家秘方，為避免商業機密外流，溫讚的人手全是自己人，包括溫增文的兒子媳婦、女兒女婿。總共分成兩班制，早班從早上六點到下午二點，下午則從二點接手到晚上九點多十點。早上只有兩人包辦所有步驟；下午則因為車流量較大，加上附近不少公司訂蔥油餅當作下午茶，則增加到五人，換班時直接由兩台貨車換班。

食材特色

溫增文說，選用的蔥倒不是像一般人所想的宜蘭蔥，因

為宜蘭蔥梗太長，反而不適用，他都挑選南部粉蔥，蔥白短、蔥葉長，還有一股清香；加進中筋麵粉揉成的麵糰，塗上些豬油、香油，煎得外酥內軟，同時引出蔥的香氣與美味。

此外，溫讚的醬料也是一絕，兩種醬料都是老闆自行特調，一種是醬油膏，一種是辣椒醬。醬油膏中加上新鮮的蒜泥和香油，沾醬後會有回香的感覺；而辣椒醬則是溫增文以客家傳統製法做成的辣椒豆瓣醬，兩種醬料各有特色，許多客人都難以抉擇，不過老闆不建議混和使用兩種醬料，反而會使風味大打折扣哩！

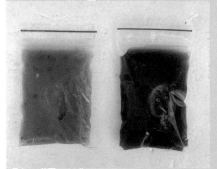

人氣項目

溫讚的蔥油餅一份二十元，加蛋加五元；整張蔥油餅賣七十元，加蛋則賣九十元。老闆說自家的價錢未必比別攤便宜，但產品絕對比較好吃。嚐一口溫讚的蔥油餅，酥脆的外皮頗有蔥抓餅的感覺，咬一口

則可感受層次分明的口感，加上白芝麻的香氣，的確和一般常見蔥油餅略有不同。

而飲料也都是老闆親自熬煮，包括奶茶、豆漿、綠豆沙，每種大杯都是二十元，小杯十五元，其中以綠豆沙銷路最佳，入口時有沙沙口感，嚥下時又如牛奶般化開。

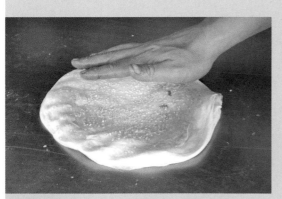

客層調查

溫讚的客人不少是來自附近的公司，包括好幾家上市上櫃公司，如國巨、聯陽，還有附近的裕隆汽車，據說連嚴凱泰也請秘書來買過；每天下午三點到四點，是附近上班族「團購下午茶」的尖峰時間。此外，許多計程車、聯結車的專業駕駛也喜歡來買方便又好吃的得來速蔥油餅：靠邊、點餐、取貨、找錢，溫增文與兒女們熟練的動作一氣呵成，讓這些駕駛不用浪費一分一秒。

成本控制

　　談起成本控制，老闆倒是認為不需要，「東西能賣出去，就一定有利潤；東省西省反而會失去客戶。」青蔥的價格隨著天候起伏大，老闆又不肯降低品質，青蔥一度曾飆上天價，一斤要價五百元，「當時光是蔥的成本就占了一半營業額啊！」但是溫增文強調，有時自以為省了二百元的成本，但其實可能失去了五百元的客戶，他堅信「工不能偷，料不能減，否則東西一定難吃。」因為對品質的堅持，幾乎每天溫讚都可賣出二百張左右的蔥油餅。

未來計畫

　　溫增文認為，這其實是個可以永續發展的小事業，不過因為需要靠手工製作，沒有辦法大量生產，加上經驗還是會影響煎蔥油餅的口感，有足夠的火候和眼力，才能作的金黃酥脆恰到好處，火候稍有不足，口感可能就像直接吃到麵粉。溫增文目前只給孩子們七十分，希望等兒女都穩定上手、打好基礎後，不排除再尋覓地方

開闢第二個、第三個據點！

密 數據大公開

創業資本	40萬元	
坪　　數	0坪	攤車
人　　手	早班2人 午班4～5人	
座 位 數	0個	
月 租 金	0元	
產品利潤	約5～6成	約略推估
每日來客數	約300人	約略推估
每日營業額	約16,000~18,000元	約略推估
每月營業額	約500,000元	約略推估
每月進貨成本	約200,000元	約略推估
每月淨賺	約300,000元	不含人手費用

‧蔥油餅／20元，加蛋25元
餅皮金黃酥脆，再加上新鮮蒜泥和香油調製而成的醬油膏，口齒回香的感覺讓人很快吃完一整份。

‧各式飲料／大杯20元，小杯15元
再搭配一杯全由老闆親自熬煮的飲料，就是蔥油餅全餐！

老闆給新手的話

　　溫增文給新手的建議是「老實、勤勞、能吃苦，什麼都能成功」，做生意其實是很辛苦的，像是凌晨就得起來準備現煮飲料，也沒什麼時間休息；而即使現在兒女陸續接手，他仍扮演品質監督的角色，生怕品質下降就流失了顧客！

 ## 作法大公開

材料

項　目	所需份量	價　格	備　註
中筋麵粉	200克	30元/台斤	近年原物料價格
青　蔥	二把	30元/台斤	波動大，僅供參考
白芝麻	一包	約30元/台斤	
鹽	適量	10/台斤	

步驟一

使用中筋麵粉加入熱水（麵粉與熱水比例約10:6），和麵後再加入適量冷水將其揉成麵糰；用濕紗布覆蓋麵糰，作為醒麵之用。

步驟二

取出適量麵糰用擀麵棍擀薄壓平,加上塩與薄薄一層豬油及少許香油;並將洗淨切好蔥花加入。

步驟三

將麵皮捲成長條狀後,繞圈成螺旋狀,灑上白芝麻並鋪上塑膠模。

步驟四

用桿麵棍將麵糰擀成圓形餅皮，從麵糰的中心以均勻的力道向外推，避免太厚太薄，下鍋煎烤約二到三分鐘至兩面酥黃。

 獨家撇步

　　溫讚另有獨家秘方加在麵糰中，據說為蔥油餅涼了也好吃的關鍵，老闆強調是常見的天然調味品，有興趣的讀者不妨可多方實驗。

🏠 **在**家DIY技巧

1、使用中筋麵粉，依個人口味加入鹽調味，揉成麵糰後，以乾淨濕布覆蓋麵糰約15到20分鐘醒麵，口感可更細緻鬆軟。

2、擀皮時，桿麵棍和平台可抹上少許油，擀餅皮將更順手。

3、灑上白芝麻，讓香氣大增。

創業大調查

想要用小吃圓創業的夢?準備好當老闆了?
在決定開業之前,先做個心態評估吧!

☐ 1、有一筆充足的資金,了解即將備受考驗。
☐ 2、已學會了技術,不需廚師,可親力親為。
☐ 3、已有充分的信心和耐心,並能廣納意見。
☐ 4、了解自我商品的特性,已做過市場分析。
☐ 5、能和親朋好友保持良好互動,人脈寬廣。

以上這五點若你能充分體認,同時了解自己創業作生意並不是砸錢開玩笑,那麼本次書籍中所介紹的11個店家,他們在商場上競爭以及獲利的方式,就足以給各位準頭家做參考。

本次創業店家大調查:

店　家	入門最快	成本最低	同質性最低	商品單價最高	商品利潤最高
燒　烤	2	2	5	1	
豬肝湯		4	4	5	5
小籠包				1	1
米苔目	3				4
彰化肉圓					
黑砂糖刨冰	1	1			2
麻　糬	5		2		
藥燉排骨		5		4	
蛋黃芋餅		3	1		
涮牛肉	4		3	3	
蔥油餅					3

【註1】入門最快排名,是考量「初期」設備購買、烹調方式與技術及資金準備,綜合考量。

【註2】成本考量以初期購入設備計算。

【註3】利潤是指主要產品銷售金額扣除食材成本後所占成數,未計人力或店租。

中餐烹調丙級技術士資訊

執照考照事宜，全台各地詢問單位一覽表

單　　位	電　　話	地　　址
台北市 廚師職業工會	（02）29350559	台北市文山區景福街273號3樓
台中市 廚師職業工會	（04）22221050	台中市北區中山路369號1樓
南投縣 廚師職業工會	（049）2241057	南投縣南投市信義街5巷15號
彰化縣 廚師職業工會	（04）7775440	彰化縣鹿港鎮東隆路119號之3
雲林縣 廚師職業公會	（05）5353076	雲林縣斗六市民生路238號之3
嘉義市 廚師職業工會	（05）2363397	嘉義市廣州街219號之3，2樓
台南市 廚師職業工會	（06）2925890	台南市南區新興路461巷10弄24號
高雄市 廚師職業工會	（07）7153762	高雄市前鎮區班超路132號5樓之5
高雄縣 廚師職業工會	（07）7650909	高雄縣鳳山市新安街43號
屏東縣 廚師職業工會	（08）8336228	屏東縣東港鎮延平路34號
宜蘭縣 廚師職業工會	（03）9606605	宜蘭縣羅東鎮中山路二段18號
台東縣 廚師職業工會	（089）239295	台東縣台東市中興路二段741號

一本讓你脫離貧窮徹底翻身的創業勝經

感謝8年來的一路相挺
13本 路邊攤賺大錢
系列 Money1~13集
不藏私，全套優惠開賣啦！

特別推薦
不容錯過

【搶錢篇】【奇蹟篇】【致富篇】【飾品配件篇】
【清涼美食篇】【異國美食篇】【元氣早餐篇】
【養生進補篇】【加盟篇】【中部搶錢篇】
【賺翻篇】【大排長龍篇】【人氣推薦篇】

不景氣的年代，不怕苦、堅持到底的美味，
全都在這13本食尚、專業的開店秘辛裡……

作　　者	徐琳舒
攝　　影	王正毅

發 行 人	林敬彬
主　　編	楊安瑜
編　　輯	蔡穎如
美術編排	盧志偉
封面設計	盧志偉

出　　版	大都會文化　行政院新聞局北市業字第89號
發　　行	大都會文化事業有限公司
	110台北市信義區基隆路一段432號4樓之9
	讀者服務專線：（02）27235216
	讀者服務傳真：（02）27235220
	電子郵件信箱：metro@ms21.hinet.net
	網　　址：www.metrobook.com.tw

郵政劃撥	14050529　大都會文化事業有限公司
出版日期	2009年5月初版一刷
定　　價	280元

I S B N	978-986-6846-64-9
書　　號	Money-13

First published in Taiwan in 2009 by
Metropolitan Culture Enterprise Co., Ltd.
4F-9, Double Hero Bldg., 432, Keelung Rd., Sec. 1,
Taipei 110, Taiwan
Tel:+886-2-2723-5216　Fax:+886-2-2723-5220
E-mail:metro@ms21.hinet.net
Web-site:www.metrobook.com.tw
Copyright © 2009 by Metropolitan Culture Enterprise Co., Ltd.

國家圖書館出版品預行編目資料

國家圖書館出版品預行編目資料

路邊攤賺大錢. 13,人氣推薦篇 / 徐琳舒 著.；王正毅攝影
-- 初版. -- 臺北市：大都會文化, 2009.05
面；公分. -- (Money；13)
ISBN 978-986-6846-64-9 (平裝)
1. 餐飲業　　2. 小吃　　3. 創業
483.8　　　　　　　　　　　　　　　98004409

路邊攤賺大**錢** *money* **13**
【人氣推薦篇】

北 區 郵 政 管 理 局
登記證台北字第9125號
免 貼 郵 票

大都會文化事業有限公司
讀者服務部收

110臺北市基隆路一段432號4樓之9

寄回這張服務卡（免貼郵票）
您可以：
◎不定期收到最新出版信息
◎參加各項回饋優惠活動

大都會文化　讀者服務卡

書名：**Money-013 路邊攤賺大錢13 【人氣推薦篇】**

謝謝您選擇了這本書！期待您的支持與建議，讓我們能有更多聯繫與互動的機會。
日後您將可不定期收到本公司的新書資訊及特惠活動訊息。

A. 您在何時購得本書：_____年_____月_____日

B. 您在何處購得本書：_____書店，位於_____(市、縣)

C. 您從哪裡得知本書的消息：
　　1.□書店　　2.□報章雜誌　3.□電台活動　　4.□網路資訊
　　5.□書籤宣傳品等　6.□親友介紹　7.□書評　8.□其他

D. 您購買本書的動機：（可複選）
　　1.□對主題或內容感興趣　2.□工作需要　3.□生活需要
　　4.□自我進修　5.□內容為流行熱門話題　6.□其他

E. 您最喜歡本書的：（可複選）
　　1.□內容題材　2.□字體大小　3.□翻譯文筆　4.□封面　5.□編排方式　6.□其他

F. 您認為本書的封面：1.□非常出色　2.□普通　3.□毫不起眼　4.□其他

G. 您認為本書的編排：1.□非常出色　2.□普通　3.□毫不起眼　4.□其他

H. 您通常以哪些方式購書：(可複選)
　　1.□逛書店　2.□書展　3.□劃撥郵購　4.□團體訂購　5.□網路購書　6.□其他

I. 您希望我們出版哪類書籍：（可複選）
　　1.□旅遊　2.□流行文化　3.□生活休閒　4.□美容保養　5.□散文小品
　　6.□科學新知　7.□藝術音樂　8.□致富理財　9.□工商企管　10.□科幻推理
　　11.□史哲類　12.□勵志傳記　13.□電影小說　14.□語言學習（____語　）
　　15.□幽默諧趣　16.□其他

J. 您對本書(系)的建議：
_____

K. 您對本出版社的建議：
_____

讀者小檔案

姓名：_____　性別：□男 □女　生日：____年____月____日

年齡：□20歲以下 □21～30歲 □31～40歲　□41～50歲 □51歲以上

職業：1.□學生 2.□軍公教 3.□大眾傳播 4.□服務業 5.□金融業 6.□製造業
　　　7.□資訊業 8.□自由業 9.□家管 10.□退休 11.□其他

學歷：□國小或以下 □國中 □高中／高職 □大學／大專 □研究所以上

通訊地址：_____

電話：（H）_____　（O）_____　傳真：_____

行動電話：_____　E-Mail：_____

◎謝謝您購買本書，也歡迎您加入我們的會員，請上大都會文化網站 www.metrobook.com.tw
登錄您的資料。您將不定期收到最新圖書優惠資訊和電子報。

度小月系列

度小
系列

度小口系列

度小月系列